AF245834

Extrait de la **Revue illustrée de Polytechnique Médicale**

NOTICE COMPLÉMENTAIRE

SUR LA

VOLTA-GRAMME

*A propos des modifications et des derniers perfectionnements qui viennent d'être apportés
à cette Machine électrique,
surtout par l'application qui lui a été faite du Commutateur spécial*

LE

TRANSMUTATEUR MULTIPLEX

(Certificat d'addition au Brevet du 1er Décembre 1890)

REVUE ET DESCRIPTION DES PRINCIPAUX COMMUTATEURS ANTÉRIEURS

PAR LE

Docteur FONTAINE-ATGIER

VINGT-SIX FIGURES INTERCALÉES DANS LE TEXTE

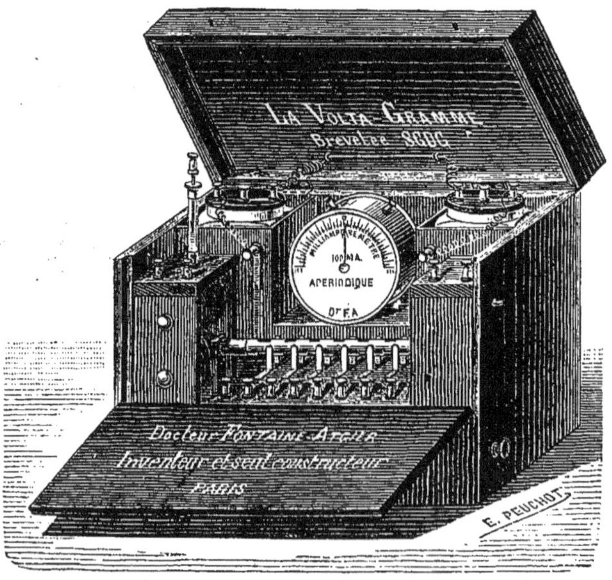

PARIS

MICHELET, LIBRAIRE-ÉDITEUR

25, Quai des Grands-Augustins, 25

1894

LE

TRANSMUTATEUR MULTIPLEX

NOTICE COMPLÉMENTAIRE

SUR LA

VOLTA-GRAMME

*A propos des modifications et des derniers perfectionnements qui viennent d'être apportés
à cette Machine électrique,
surtout par l'application qui lui a été faite du Commutateur spécial*

LE

TRANSMUTATEUR MULTIPLEX

(Certificat d'addition au Brevet du 1ᵉʳ Décembre 1890)

REVUE ET DESCRIPTION DES PRINCIPAUX COMMUTATEURS ANTÉRIEURS

PAR LE

Docteur FONTAINE-ATGIER

VINGT-SIX FIGURES INTERCALÉES DANS LE TEXTE

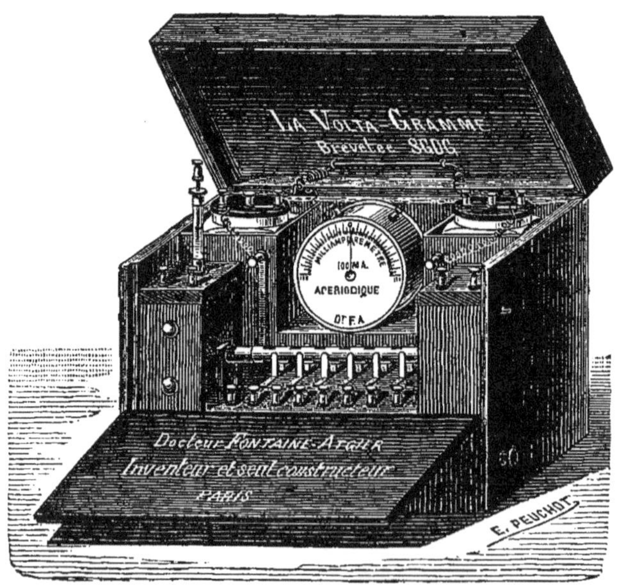

PARIS

J. MICHELET, LIBRAIRE-ÉDITEUR

25, Quai des Grands-Augustins, 25

1894

PRINCIPALES PUBLICATIONS ET CRÉATIONS

DU

Docteur FONTAINE-ATGIER

1873 — **L'Iridotomie**. (J.-B. Baillière, éditeur.)

1881-82 — **L'Œil,** son anatomie, son fonctionnement, ses maladies. (In *Médecine populaire*.)

1884 — **Le Mobilier scolaire** dans ses rapports avec l'œil myope, et en particulier la Table-Chaise hygiénique à trois inclinaisons fixées automatiquement, du Docteur Fontaine-Atgier.

1885 — **Invention de la Pile à Gargousse de carton** et lessive des savonniers comme liquide excitateur.

1886 — **L'Instruction et l'Éducation** au xixe siècle. (In *Journal d'Hygiène*, 7 et 14 octobre.)

1887-88 — **Application dans des électro-médicaux perfectionnés,** de la Pile à Gargousse de carton, et d'un trembleur particulier spécialement désigné sous le nom de *Trembleur-balancier* du Docteur Fontaine-Atgier. (Médaille de bronze à l'Exposition universelle de 1889.)

1889 — **Création de la Sonnerie Dig-Din-Don,** à trembleur-balancier vertical, et rendu sensible pour la circonstance, par l'abaissement extrême de son centre de gravité.

1890 — **Création de la Machine Volta-Gramme,** et publication à son sujet, d'une brochure de vingt-sept pages et neuf figures. (Michelet, éditeur, 25, quai des Grands-Augustins, Paris.)

1892 — **Présentation** à la Société clinique des Praticiens de France, d'un modèle de **Pinces à phimosis** créées depuis 1880. (Aubry, constructeur, 6, boulevard Saint-Michel, Paris.)

1892 — **Présentation** à la même Société, de l'**Histophiline,** produit pharmaceutique à base d'iodure de térébenthène.

1894 — **Création du Transmutateur Multiplex.**

A PARAITRE

Généralités sur l'Électricité et les Piles. — Couple électro-voltaïque de l'auteur.

Esquisse de Médecine physique.

Le Pantologue : Essai d'encyclopédie philosophique.

LA
VOLTA-GRAMME

Modèle de 1894

Considérations diverses. — Présentation des différentes formes de Commutateur qui ont été employés depuis celui d'Ampère, jusqu'au Transmutateur Multiplex, et description du **Transmutateur Multiplex,** *qui remplace dans nos machines 3 et 3 bis, le Trembleur-Commutateur-Collecteur de la Volta-Gramme originelle.*

Jusqu'à la date relativement récente de la création des générateurs électriques industriels, corollaires des découvertes primordiales d'Œrsted, d'Ampère et d'Arago (1820), et de Faraday (1830), on peut dire que constammen[t] les applications pratiques qui se firent tout d'abord et successivement d[e] l'électricité statique, dynamique et induite, le furent sur le champ de l[a] médecine. Autrement dit, les appareils se créaient alors en vue d'établir l[e] bien fondé de certaines idées spéculatives, de contrôler les expériences d[e] ses émules, ou dans le but encore d'une démonstration plus efficace des fait[s] observés. Ils n'étaient en un mot, que la représentation concrète des théorie[s] admises relativement aux différentes modalités électriques *(franklinisation[,] galvanisation, faradisation)*, et la disposition, le format et le rendemen[t] de ces appareils, en dehors du domaine du laboratoire et de la science pure[,] ne les constituaient propres qu'à des usages médicaux.

Il en est allé tout autrement, au contraire, depuis que, grâce aux innovations de la Compagnie l'*Alliance* (1853), de Siemens (1854), de Gramme (1870)[,] de Thomson-Houston, etc..., le matériel des générateurs électriques se fu[t] transformé, et eut acquis une puissance capable de permettre la généralisatio[n] des applications de l'électricité.

Il se trouva, en effet, que ces machines n'apportaient pas seulement ave[c] elles une puissance industriellement utilisable, mais que cette puissance elle même n'était pas absolument identique, en tant que modalité électrique, à l[a] forme des anciens courants voltaïques, volta-faradiques et magnéto-électriques, et, de ce fait, à l'inverse de ce que nous venons de constater pour la période précédente, au lieu d'être simplement la réalisation pratique de spéculations électriques, ces nouvelles machines industrielles devenaient encore elles-mêmes le point de départ de théories nouvelles *(courants ondulatoires ou de Gramme, courants sinusoïdaux, courants polyphasés*, auxquels sont venus indirectement se joindre *les courants à haute fréquence)*, théories qui, non seulement par réciprocité, aidaient au perfectionnement et au développement merveilleux de cette mécanique spéciale, mais qui ouvrirent du même coup, à l'électrothérapie, des horizons nouveaux et féconds.

Chose bizarre, ces éléments d'extension de son domaine, que le médecin avait ainsi en perspective, et sur lesquels il fondait intuitivement de légitimes espérances, furent pour lui le commencement d'une ère critique.

Il s'aperçut bien vite, en effet, que tout l'outillage qu'il avait entre les mains, malgré les perfectionnements de détails que cet outillage avait reçu depuis les premiers appareils de Clarke, Masson et Duchenne, de Boulogne, ne pouvait nullement répondre aux nécessités nouvelles, et sa situation s'aggrava de ce fait, que les premiers efforts tentés par les constructeurs pour lui reconstituer des appareils mis au point des exigences du moment, paraissaient des plus décourageants.

Le problème ne laissait pas, en effet, que d'être complexe et difficile à résoudre. Il nous semble même aujourd'hui qu'il a rebuté les meilleurs d'entre ces mécaniciens spécialistes, à en juger par la solution indirecte qu'ils se contentent de donner à la question, et qui fait le médecin tributaire d'un secteur électrique alimenté par une usine centrale, et dont le courant marquant généralement 110 volts, sera pour lui utilisable, grâce à des rhéostats, à des transformateurs, à des commutateurs rotatifs, à des réducteurs de potentiel, etc...

Nous ne croyons pas, quant à nous, que, quelque parfait que soit sur ce terrain le résultat final, ce soit là la solution vraiment idéale, celle capable de vulgariser entre les mains de tous les praticiens, ce fluide si puissamment curateur qu'est l'électricité, sous ses formes si variées et si diverses.

En effet, en dehors de ce fait que les secteurs électriques ne sont pas à la portée de tous les médecins, que la qualité des courants qu'ils véhiculent n'est pas identique, puisque pour d'aucuns ils sont alternatifs, pour d'autres continus, et qu'ils peuvent même être, dans certains secteurs, polyphasés, complication qui peut toujours devenir, pour lui, à un moment donné, la cause d'une aggravation dans ses dépenses de première installation, puisqu'il sera forcé, dans le cas où les circonstances l'amèneraient à s'établir sur un secteur différent de celui sur lequel il se trouvait tout d'abord, à faire modifier et adapter à ses nouvelles conditions, son matériel volant, en dehors de toutes ces circonstances, disons-nous, cette solution laisse subsister un *desideratum*, qui, pour le médecin, a une importance sérieuse, celui du transport possible, facile et commode, des appareils.

Ce sont ces raisons qui nous ont déterminé à persister dans les recherches où nous nous étions engagé dès 1889, et qui aboutissaient, en 1890 (brevet du

1er décembre), à la création du premier modèle de notre Volta-Gramme, électro-médical basé sur le principe de l'opposition d'un nombre pair de bobines, fonctionnant simultanément et en sens inverse, sur un même trembleur ou interrupteur. Grâce, en effet, à cette combinaison, le médecin a à sa disposition, non seulement les anciens courants *alternatifs faradiques*, mais aussi les courants *alternatifs sinueux*, c'est-à-dire pratiquement sinusoïdaux, et, de plus, ces derniers courants redressés, et rendus pratiquement continus, *courants Gramme*. Cet appareil était actionné par deux couples Fontaine-Atgier, à lessive des savonniers, et à gargousses de carton.

Ce modèle, nous avons été le premier à le reconnaître, laissait quelque peu à désirer, en raison de ce que le commutateur-collecteur qui y intervenait pour le redressement des courants alternatifs, était solidaire du trembleur. Il en résultait que celui-ci ne pouvait acquérir toute la vitesse désirable, et que, par intervalle, une certaine irrégularité se constatait dans sa marche. Tout cela influait d'une manière défavorable et sur notre courant sinueux, au point de vue de sa constance relative, et sur notre courant Gramme, au point de vue de son voltage.

Mais, ces défectuosités étaient heureusement de celles qu'on peut faire disparaître, et, aujourd'hui, notre Volta-Gramme a été à ce point perfectionnée, que cette petite machine unique de son espèce, et dont la création a été le premier signal dans la transformation actuelle du matériel de l'électrothérapeute, répond de tous points, au problème de pratique dont nous parlions tout à l'heure (1).

Nous ajouterons que, grâce au Transmutateur Multiplex, interrupteur-commutateur nouveau, à cylindre et à mouvement d'horlogerie, que nous décrivons plus loin, et qui vient de faire l'objet d'un certificat d'addition à

---

(1) Pour ne fournir qu'un courant sinueux au lieu d'un courant rigoureusement sinusoïdal, la Volta-Gramme n'en méritait pas moins, il nous semble, même dans ses dispositions primitives, une appréciation plus équitable que celle qu'en a faite le D[r] d'Arsonval dans la petite note qu'il a consacrée à son sujet, dans le numéro de juin 1891 de la *Revue d'Électrothérapie*, et que nous reproduisons ci-dessous *in extenso*. Il semble, en effet, que, dans cette note, notre confrère ne cherche qu'à enlever toute valeur à notre invention, en parlant de vaines tentatives de notre part, et, en se plaçant ensuite pour sa critique, comme s'il s'agissait dans notre Volta-Gramme, d'une simple bobine de Rhumkorff.

« *Nota.* — Le Dr Fontaine-Atgier, à l'aide d'un trembleur spécial, accouplé avec des
« bobines d'induction, a tenté récemment d'avoir, avec le même appareil, diverses formes de
« courant (*alternatifs. arciformes, ondulés*, etc.), formes que l'on obtient en employant les
« appareils magnétos avec ou sans commutateur. La bobine d'induction ne peut donner une
« sinusoïde régulière, car, le courant d'ouverture est incomparablement plus court que celui
« de fermeture. On n'arrive à les régulariser à peu près, qu'en employant le dispositif de
« de Helmoltz, bien connu des physiologistes. Quant à la forme vraie des différentes ondes,
« on ne peut la connaître qu'en la déterminant directement par l'expérience, soit par le procédé Guillemin, soit par celui que je viens de décrire. Quoi qu'il en soit, cette tentative est
« intéressante, à condition que son auteur nous donne la forme vraie des ondes que produit
« son appareil. »

Nulle part, on le voit, il n'est question dans cette note de l'opposition des bobines sur un même trembleur ou interrupteur, ce qui est le principe même de notre Volta-Gramme, et, ce qui permet l'addition des courants d'ouverture et de fermeture, et leur utilisation simultanée

notre brevet, le modèle n° 3 de la Volta-Gramme (fig. 1), fournit en plus des courants que nous venons de signaler, et cela, sans la moindre complication, des formes particulières de courants, dénommés par nous, *courants arciformes* et *courants en cascade.*

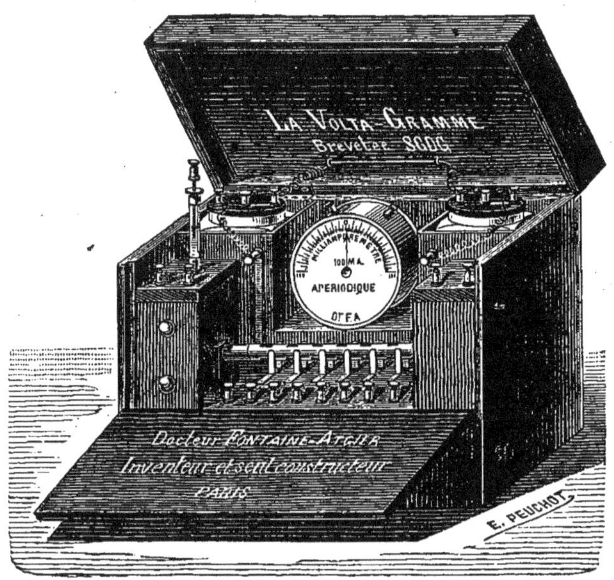

Fig. 1.

Avec le n° 3 bis, le médecin a à sa disposition tous les courants précédents, plus les courants à haute fréquence. A cet effet, une bobine de Rhumkorff à circuit inducteur autonome, par rapport à celui des deux systèmes de bobines

---

et alternative, avec égalité parfaite des ondes, et temps perdu négligeable. Le D^r d'Arsonval paraît si peu du reste se douter de l'existence de ce principe nouveau, qu'il se met à nous rappeler, à propos de notre machine, les inégalités des courants d'ouverture et de fermeture de toute bobine d'induction, inégalités que notre dispositif permet précisément de faire disparaître.

Nous avions donc raison de dire, que la critique de notre confrère, relative à la Volta-Gramme, était peu équitable, et nullement conforme à la vérité.

Il y a trois choses cependant que le professeur du Collège de France ne peut vraiment contester à notre invention, c'est: 1° l'égalité absolue des ondes alternatives du courant sinueux fourni par le système Volta-Gramme; 2° la moindre instantanéité du développement de ces ondes que de celles du courant faradique, et cela, en raison du temps nécessaire à l'addition du courant d'ouverture et de fermeture qui les composent; 3° la priorité de la Volta-Gramme sur sa propre machine magnéto-électrique à aimant circulaire, dont la création fut sensiblement postérieure à la découverte, par le D^r d'Arsonval, des propriétés électro-physiologiques remarquables des courants sinusoïdaux, découverte due à une série de patientes recherches, entreprises avec des machines dynamos de laboratoire.

Nous avons, dès le début et dans les termes les plus courtois, fait appel à notre confrère, en vue d'obtenir de lui une rectification à ses appréciations tout à fait inexactes sur notre invention, et qui ne pouvaient que nous être préjudiciables. Malgré notre insistance, elles sont restées impitoyablement sans réponse, et c'est là la seule raison qui nous détermine aujourd'hui, à produire ici les principaux éléments de ce litige si regrettable, et qu'il était si facile au D^r d'Arsonval d'aplanir dès le début.

en opposition, fait partie de la petite machine, dans laquelle trouvent également place les condensateurs, et le solénoïde appropriés à cet usage.

Nous avons adopté pour actionner les nouveaux modèles de la Volta-Gramme, des piles au bichromate de potasse, closes hermétiquement, et avec tiges articulées pour les zincs. Excepté dans le modèle n° 1 ou petit modèle (fig. 2), le format de ces éléments est assez grand pour faire largement face à l'éclairage des cavités. C'est donc une Volta-Gramme rajeunie et mise au point que nous présentons aujourd'hui au corps médical, et, nous estimons qu'avec les perfectionnements que nous y avons apportés, cette petite machine, unique de cet ordre, et qui devra compter dans l'histoire des développements successifs du matériel électrothérapeutique, répond de tous points au problème pratique dont nous parlions en commençant.

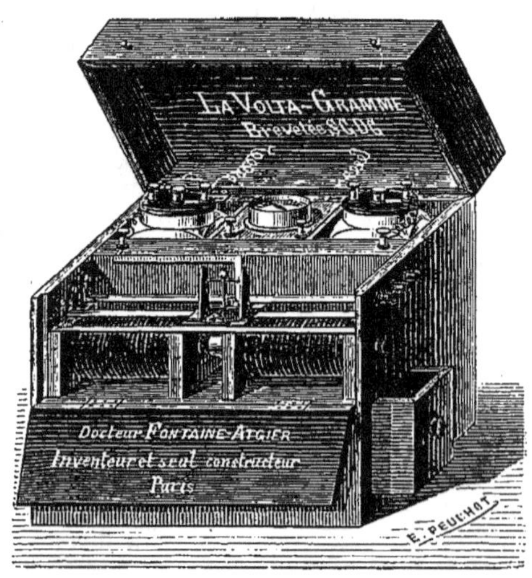

Fig. 2.

Nous allons, dans un instant, à l'aide d'une série de diagrammes, montrer de la façon la plus claire, le déterminisme des différentes formes du courant électrique réalisées par la Volta-Gramme. Mais, il importe auparavant de préciser et de définir ce qu'on entend par courants ondulatoires ou pratiquement continus de Gramme, de fixer la caractéristique des courants sinueux et des courants sinusoïdaux, et de rappeler enfin quelles sont les qualités physiques des courants faradiques.

On désigne sous le nom de courant ondulatoire ou de Gramme, la résultante des courants induits partiels homogènes, c'est-à-dire de même sens, et tous situés par conséquent dans un graphique, du même côté de la ligne des abscisses.

Tous les courants induits sont, par essence, alternatifs, et ce n'est que par l'intervention d'organes spéciaux, généralement connus sous le nom de *commutateurs*, ou, du fait encore de certaines conditions de l'induction (anneau de Gramme), qu'on arrive à les orienter tous dans le même sens. Dans ces conditions, si le générateur est à marche très rapide, on conçoit que l'intervalle qui sépare deux courants induits redressés, devienne négligeable, et que pratiquement on puisse considérer le courant ondulatoire qu'ils déterminent, comme continu.

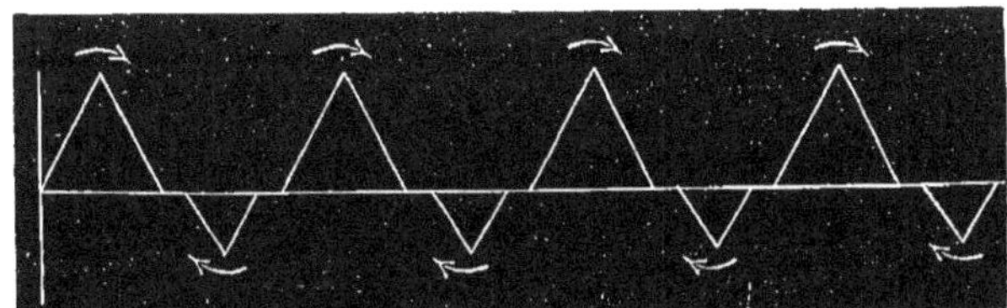

Fig. 3.

A chaque variété de courant alternatif correspondra donc un courant redressé de forme corrélative.

C'est ainsi, par exemple, que le courant induit alternatif faradique représenté dans le diagramme de la figure 3, par la série des ondes inégales

Fig. 4.

se rapportant alternativement à l'ouverture et à la fermeture du courant inducteur, donnera par son redressement, la forme de courant indiquée au graphique de la figure 4, et, qu'en raison de sa forme accidentée, nous avons dénommé *courant en cascade*.

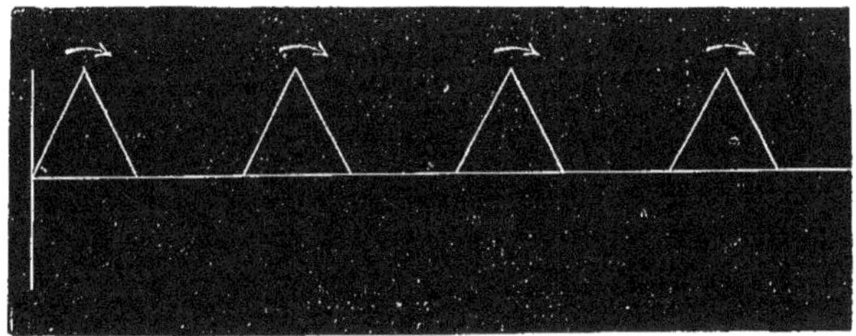

Fig. 5.

Dans ces deux diagrammes, comme dans ceux qui vont suivre, la ligne des ordonnées étant celle des potentiels, on remarquera qu'en ce qui concerne le courant faradique, le maximum de potentiel y est atteint instantanément,

comme aussi brusquement survient sa chute. Cette particularité du flux électrique ne pouvait pas en effet être mieux rendue que par la forme anguleuse
de chaque onde. Inutile de rappeler que ce sont les ondes les moins élevées
qui correspondent au courant inducteur de fermeture.

Si, par une disposition particulière, telle que celle qui se trouve ménagée
dans notre grande Volta-Gramme, on ne dérivait de ces courants faradiques
alternatifs ou redressés, que les ondes paires ou impaires, on aurait alors le
courant schématisé (fig. 5).

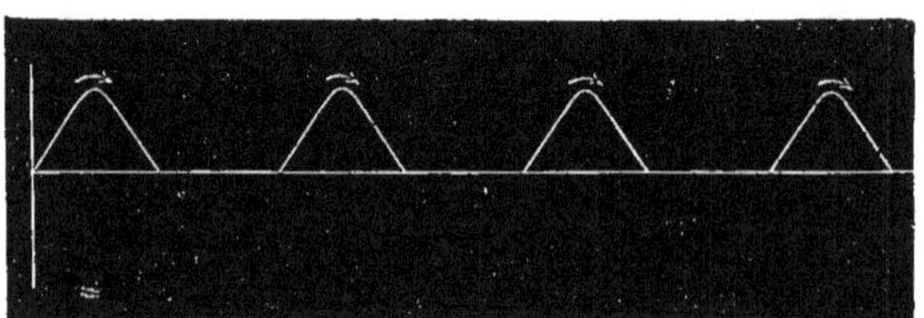

Fig. 6.

Un déterminisme identique préside à la formation du courant ondulatoire
et arciforme, à l'aide du courant induit magnéto-alternatif proprement dit, et
des courants magnéto-sinusoïdal et volta-sinueux.

La figure 6 représente le courant arciforme provenant du courant sinueux.

Le courant magnéto-alternatif proprement dit a pour type celui fourni par
les appareils genre Clarke. Le courant magnéto-sinusoïdal se rapporte aux
machines industrielles Siemens, Ferranti, Thomson-Houston, etc., et, à
l'appareil médical à aimant circulaire du D^r d'Arsonval. Le courant volta-
sinueux a pour seul générateur la machine Volta-Gramme.

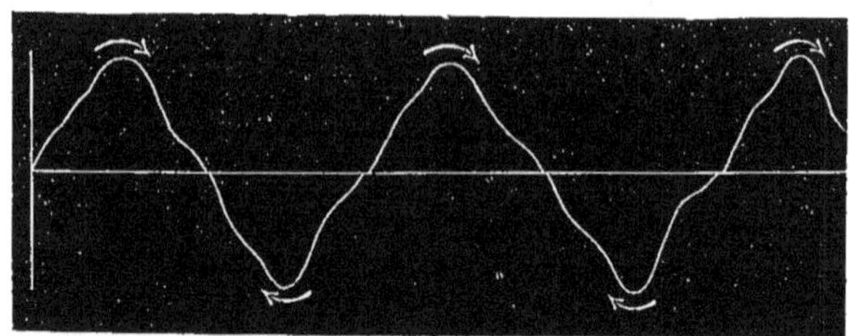

Fig. 7.

Le courant magnéto-alternatif proprement dit se distingue du volta-faradique, par les quatre particularités suivantes : 1° tous les courants partiels qui
le constituent ont leur potentiel d'égale valeur; 2° ce potentiel met un cer-
tain temps, quoique extrêmement court, à atteindre son maximum et
revenir à zéro; 3° cette évolution du potentiel ne s'y fait pas d'une façon
régulière; 4° il se rapproche sensiblement plus de la continuité.

Tous ces caractères sont indiqués dans le tracé de la figure 7.

Le courant magnéto-sinusoïdal n'est que le courant de Clarke obtenu dans des conditions de continuité et de régularité absolues dans l'évolution, elle-même plus progressive, des potentiels successifs. Les ondes y sont par conséquent plus étalées et plus molles, suivant l'expression de notre confrère Tripier. Le graphique de la figure 8 en est la traduction.

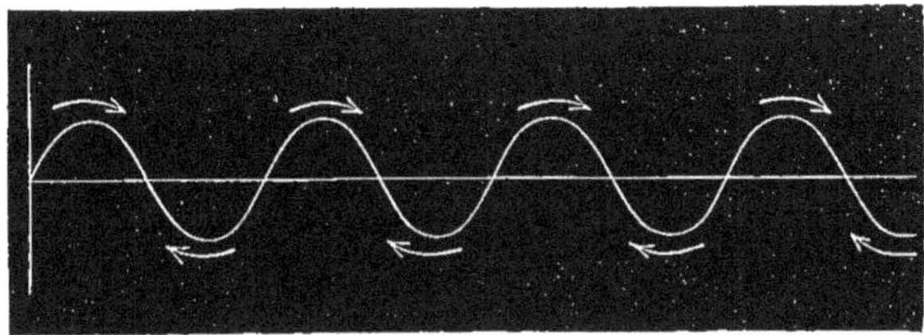

Fig. 8.

Le redressement du courant sinusoïdal est le type du courant ondulatoire. lequel est pratiquement obtenu avec la machine Gramme. Le diagramme en est fourni par la figure 9.

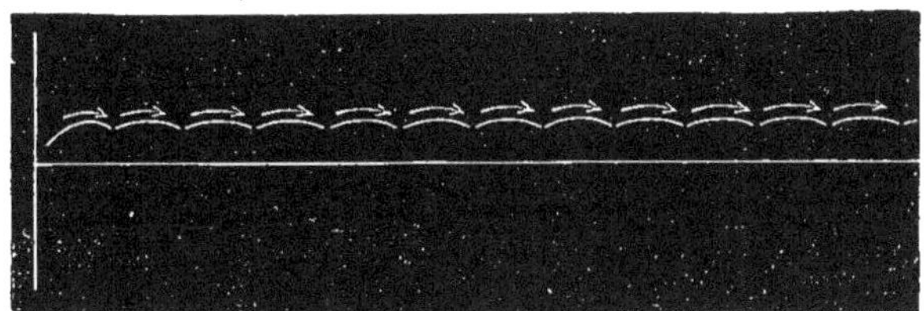

Fig. 9.

Quant au courant volta-sinueux, dénommé encore par nous, courant oscillatoire, il est au courant sinusoïdal absolu, ce que le courant ondulatoire de Gramme ou pratiquement continu, est au courant continu de pile. Il jouit, en effet, comme le courant sinusoïdal, de la même égalité et régularité dans

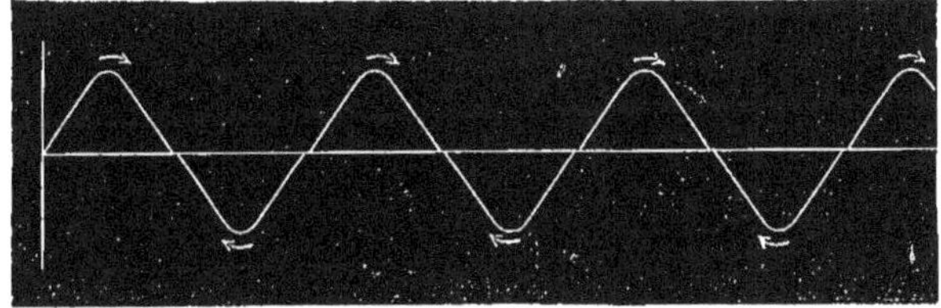

Fig. 10.

toutes les ondes alternatives qui le constituent, la même absence d'action chimique. L'évolution du potentiel dans chacune des ondes s'y fait seulement d'une façon un peu moins progressive, et une interruption négligeable et plutôt théorique, marque chaque alternance des courants partiels. Ces caractéristiques sont exprimées dans le tracé de la figure 10.

Mais, cette perfection relative paraît suffire, car, au point de vue électro-physiologique, nous sommes arrivé, à très peu de choses près, au même résultat que notre confrère d'Arsonval, en ce qui touche le minimum d'excitation des nerfs sensibles dans l'application d'un courant volta-sinueux, qu'on ne pourrait que très difficilement supporter sous la forme faradique ou alternative proprement dite.

Au surplus, d'après les appréciations du Dr Tripier lui-même, les réactions sensibles ne seraient pas annulées dans l'appareil du D^r d'Arsonval, elles seraient seulement amoindries (*Revue d'Électrothérapie*, novembre 1891). A marche rapide, le courant engendré par cette machine à aimant circulaire nord-sud, procurerait même une impression de contracture qui peut en arriver à donner une sensation d'arrachement. C'est tout au plus franchement, si, à grande allure, et en employant des bobines à très longs fils, notre courant sinueux détermine de si fortes réactions.

Non seulement la Volta-Gramme, au point de vue du courant sinusoïdal, atteint pratiquement le même but que la machine magnéto du professeur d'Arsonval, mais nous estimons, qu'en tant qu'appareil médical, elle lui est supérieure sur bien des points.

Sans nous arrêter, en effet, aux inconvénients de la forme magnéto pour les appareils d'électrothérapie, inconvénients tirés du poids de ces appareils, de la nécessité d'un aide pour en tourner la manivelle, les machines magnéto ont à nos yeux un défaut plus grave, c'est que l'intensité du courant s'y trouve liée d'une façon beaucoup plus intime que dans les appareils à induction voltaïque, à la plus ou moins grande rapidité du mouvement générateur du flux électrique, et, qu'on ne peut arriver avec eux aux intermittences lentes, sans détruire presque complètement la valeur de l'intensité du courant.

C'est bien, du reste, pour ces différentes raisons que l'emploi des appareils magnétos ne s'est jamais vulgarisé dans le corps médical.

Il est vrai qu'on a fait aux appareils faradiques, en général, un reproche qui semblerait devoir s'adresser à la machine Volta-Gramme. Les trembleurs, a-t-on dit, constituent un moyen défectueux pour l'interruption régulière du courant inducteur ; il faut compter avec cet organe, sur des irrégularités de marche, et sur des dérangements fréquents.

Or, sincèrement, nous ne croyons pas que la Volta-Gramme donne prise à une telle accusation. Nous ne parlons pas, bien entendu, des grands modèles de cet appareil; ceux-ci sont en effet munis de l'organe nouvellement créé par nous, sous le nom de *Transmutateur Multiplex*, marchant à l'aide d'un mouvement d'horlogerie réglé par un volant, et qui fait que le fonctionnement de ces Volta-Grammes est d'une perfection absolue. Mais, même dans le petit et le moyen modèle de notre machine, où le trembleur subsiste, ce trembleur, du type balancier, que nous avions innové en 1887, à propos de nos anciens électro-médicaux, est d'une simplicité et d'une rusticité telles, qu'il offre toute sécurité quant au rôle qu'il doit remplir.

La Volta-Gramme joint aussi à la qualité primordiale d'être portative, cet autre avantage, qui, pour être de détail n'est cependant pas négligeable en l'espèce, c'est que la théorie de cette machine se relie directement au principe des anciens appareils faradiques, et que de ce fait, le praticien sera très facilement, et très rapidement familiarisé avec son maniement, ainsi qu'avec le déterminisme des courants qu'il voudra utiliser.

Son initiation à ce déterminisme, et à tous les détails de fonctionnement de la Volta-Gramme, sera du reste, d'autant plus aisée, que nous allons dès à présent, les résumer ici méthodiquement, à la lumière des graphiques les plus simples, et qu'un exemplaire de cette notice sera joint à l'envoi de chacun de nos appareils.

Nous commencerons donc ces démonstrations, par la combinaison la plus simple du système Volta-Gramme, celle qui se réduit à deux bobines en opposition, fonctionnant simultanément sur un seul et même trembleur ou interrupteur (fig. 11). L'analyse de ce diagramme va nous expliquer comment

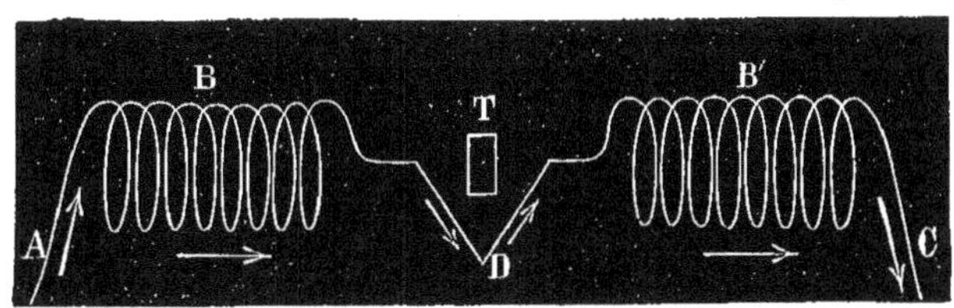

Fig. 11.

un dispositif aussi peu compliqué permet de recueillir, soit des courants faradiques, soit des courants sinueux, ou encore, à l'aide d'un artifice très simple que nous ferons connaître dans un instant, des courants ondulatoires.

La première chose qu'il est intéressant de remarquer dans ce graphique, c'est la réunion en D des deux chefs homologues de l'induit des deux bobines B et B'. Ce double induit recouvrant en effet un inducteur rigoureusement disposé de la même façon, et dont les bobines opposées sont par conséquent réunies en un point homologue au point D, il est aisé de comprendre, si l'on admet que c'est par ce point homologue que pénètre le courant inducteur, que les bobines B et B' seront simultanément le siège, l'une d'un courant induit de fermeture, l'autre d'un courant induit de rupture, suivant la position à droite ou à gauche de l'armature T du trembleur au moment considéré.

Or, ces deux courants étant naturellement de sens contraire, et se dirigeant dans chaque bobine, dans le sens des flèches de la figure, on est obligé de constater que le courant de la bobine B s'additionne en D au courant de la bobine B', et que la personne qui tiendra dans ses deux mains les extrémités A et C des deux bobines induites, sera traversée par un courant allant de C en A, courant qui sera la somme des courants de fermeture et de rupture. Impossible de ne pas admettre non plus, qu'à la phase suivante du trembleur, les mêmes phénomènes se reproduisant en sens inverse, le corps sera traversé par un courant de sens contraire au premier, et que, de plus, ce courant sera rigoureusement de même valeur que celui qui l'a précédé, puisque, comme lui, il sera composé de la somme des mêmes courants d'ouverture et de fermeture.

C'est cette égalité absolue, et qui existerait même, entre parenthèse, dans le cas où chaque bobine ne porterait pas la même quantité de fil, qui est la caractéristique du courant sinueux ou pratiquement sinusoïdal.

Si, dans le même système, on faisait la dérivation du courant, non plus en A et C, mais en C et D ou en D et A, on recueillerait alors séparément et successivement les ondes induites inégales d'ouverture et de fermeture, et on aurait ainsi le courant faradique classique.

Aucune complication de mécanisme, on le voit, aucun dispositif confus et embrouillé des fils ne sont obligés d'intervenir, pour assurer le flux régulier des courants alternatifs dans les fils rhéophores. C'est une dérivation directe, à des bornes déterminées.

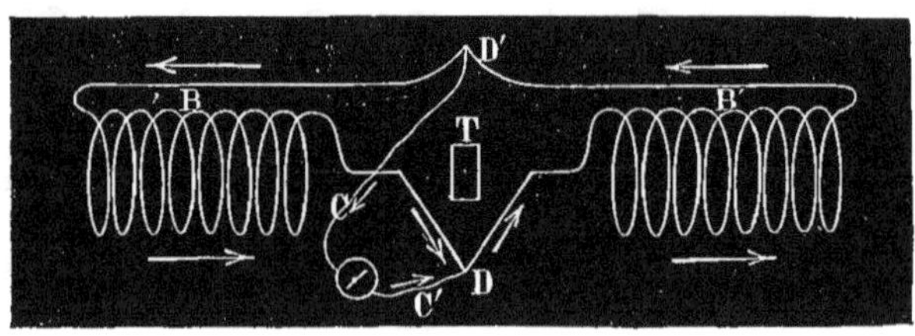

Fig. 12.

Pour ce qui est des courants Gramme, ou pratiquement continus, il en va. au contraire, tout autrement, puisque, pour les réaliser, il s'agit d'arriver à orienter dans le même sens une série d'ondes naturellement alternatives.

Nous devons toutefois à la vérité de dire, que, si on veut bien ne considérer que la forme ondulatoire du courant, sans se préoccuper de la valeur de son rendement proprement dit, on arrive même à recueillir un courant Gramme, avec le simple dispositif de la figure 11, sans mécanisme particulier, et par la seule jonction en D' (fig. 12), des extrémités A et C, qui servaient tout à l'heure à la dérivation du courant sinueux.

En effet, cette condition étant remplie, et les fils rhéophores étant fixés en D et D', et étant considéré, d'autre part : 1° que le fil chargeant chacune des bobines en opposition, a une résistance supérieure à celle du corps humain ; 2° que la bobine B' est en ouverture et la bobine B en fermeture, et que le courant marche par conséquent dans les deux bobines induites, dans le sens indiqué par les flèches, nous allons voir que le fil conjonctif C et C' sera parcouru par un courant allant de C à C', et qu'à la phase suivante du trembleur, laquelle déterminera un changement dans le sens des deux courants qui traversent les bobines induites, cette direction de C en C' du courant dérivé ne changera pas, et que les rhéophores seront ainsi parcourus par un courant électrique orienté, c'est-à-dire qui ne cessera pas d'être de même sens. La démonstration de ce fait ressortira parfaitement des considérations suivantes.

Cherchons donc, tout d'abord, à nous rendre compte de ce qui adviendra du courant en D et D', par rapport à la dérivation C et C', dans la première phase du trembleur, c'est-à-dire en supposant B' en ouverture, et B en fermeture.

Le courant de la bobine B' arrivant en D', pénétrera en C plutôt qu'en B, le fil de chaque bobine étant, avons nous dit, sensiblement plus résistant que le circuit en dérivation. Mais d'autre part, et pour la même raison, le courant de la bobine B tendra à se diriger de D en C'. Le fil conjonctif se trouvera ainsi parcouru par deux courants allant à la rencontre l'un de l'autre, mais de force si inégale, que le courant de fermeture allant de D en C' ne comptera en la circonstance, que comme une résistance opposée au courant allant de D' en C. La même analyse faite pour la phase suivante du trembleur, nous montrerait que le courant le plus fort, c'est-à-dire celui d'ouverture, marcherait encore de D' en C et C' dans les fils rhéophores, avec, comme obstacle à vaincre, le courant de B' actuellement en fermeture, et se dirigeant, comme tout à l'heure celui de l'autre bobine, de D en C' et C.

Il est donc bien de toute évidence, que, du fait de son seul principe, la Volta-Gramme permet la mise en circulation d'un courant pratiquement continu. On ne recueille ainsi, il est vrai, qu'une fraction de l'énergie du courant d'ouverture; mais, même dans ces conditions défectueuses de rendement, ces courants pratiquement continus seront encore, et d'autant plus appréciés par le médecin, qu'en dehors de leur forme ondulée spécifique, ils ont encore une puissance suffisante pour en espérer d'heureux effets thérapeutiques, et, qu'ils lui seront fournis par des appareils d'un prix relativement modique, et qui mettent en même temps à sa disposition, outre les courants faradiques ordinaires, les courants sinueux ou oscillatoires, et de plus, une source voltaïque suffisamment intense pour lui permettre l'éclairage des cavités.

Mais, nous le répétons, pour obtenir les courants Gramme dans de bonnes conditions de rendement, et pour qu'ils se rapprochent par conséquent dans la plus large mesure possible, par leur intensité, du courant voltaïque, il est nécessaire d'avoir recours à des organes spéciaux, permettant une très grande rapidité d'interruption du courant inducteur, et permettant aussi le redressement rigoureux des courants alternatifs, sans en diminuer l'énergie.

Les premiers appareils relatifs aux courants magnéto et Volta-électriques étaient à peine créés, que leurs auteurs recherchèrent le redressement des courants alternatifs que ces appareils engendraient, en vue de créer un courant à orientation fixe, se rapprochant du courant continu. Pixii, qui fut le premier à se livrer à cet ordre de recherches, s'inspira, pour arriver à ce but, du mécanisme qu'Ampère avait imaginé peu de temps après la publication de la découverte d'Œrstedt (1821), sous le nom de *Commutateur à bascule*. Et, le fait est, comme nous l'allons voir, qu'on trouve entre le dispositif de Pixii et celui d'Ampère, une ressemblance qui surprend en premier abord, puisque

l'action sur le courant est diamétralement opposée dans chacun d'eux; cel
d'Ampère étant un inverseur des pôles, tandis que celui de Pixii est un redre
seur des courants magnéto-électriques.

Le commutateur d'Ampère, qui était utilisé par le célèbre physici
Lyonnais, pour changer à volonté le sens du courant de pile, dans le cours
ses fécondes études sur l'action réciproque des courants entre eux (*électr*
dynamique), se compose essentiellement de quatre parties linéaires condu
trices, représentées à la figure 13, sous les n°s 6 et 8, 5 et 4, 1 et 7, et 2
3. Les trois premières sont constituées par de petites rigoles creusées da
le bois, et, terminées à leurs extrémités par autant de petits godets. Le me
cure qui remplit ceux-ci, ainsi que les rigoles, en fait autant de voies co
ductrices. La quatrième de ces voies conductrices se termine aussi par d
godets remplis de mercure, mais, c'est une lame métallique dans ce derni
cas, qui relie les deux godets, en passant comme un pont, et, par conséque
sans la toucher, au dessus de la rigole 5,4, avec laquelle elle forme com
un X.

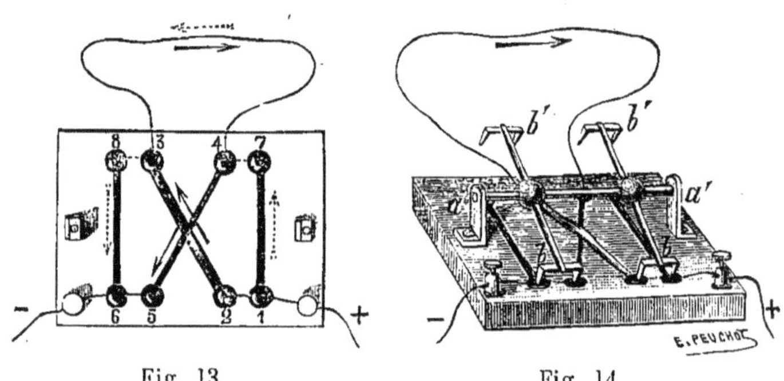

Fig. 13.   Fig. 14.

Cela posé, et, étant admis que les extrémités des fils rhéophores plong
dans les godets 1 et 6, il est facile de se rendre compte, que le sens du co
rant dans le circuit extérieur, variera selon que 1 sera mis en communicat
avec 2, et 5 avec 6, ou, au contraire, que ce sera 7 qui sera relié à 4 et 8 à
Dans le premier cas, le sens du courant est celui indiqué par les flèches
dessin de la figure 13. Dans le second cas, de 1, le courant ne pourra for
ment s'engager que de 1 à 4 par 7, et reviendra en 6 par 3 et 8; sa direct
est ainsi contraire à la précédente, ce qui est bien le résultat cherché. I
deux leviers à bascules *b, b'* et *b b'*, montés sur l'axe de rotation en mati
isolante *a, a'* (fig. 14), réalisent très pratiquement ces conditions, quand
pieds métalliques qui terminent leurs extrémités, viennent plonger dans
godets que nous supposions tout à l'heure simplement reliés par des fils.

COMMUTATEURS DIVERS

Commutateurs redresseurs des courants magnéto-électriques

COMMUTATEUR DE PIXII

Pixii tira, avons-nous dit, de la combinaison d'Ampère, l'idée d'un système mécanique de commutateur, ayant avec celui-ci beaucoup d'analogie, et, qui lui permettait, non plus d'inverser un courant continu, mais, au contraire, de redresser le courant alternatif de sa propre machine. Notre figure 15 le représente en perspective. Ce commutateur offrait, entre autres particularités, celle de fonctionner automatiquement, et synchroniquement avec la magnéto.

A cet effet, l'axe de rotation de celle-ci porte une excentrique placée de telle façon, qu'au moment même où le courant change de sens dans la bobine, c'est-à-dire lorsque l'électro-aimant se trouve placé en face de l'aimant, cette

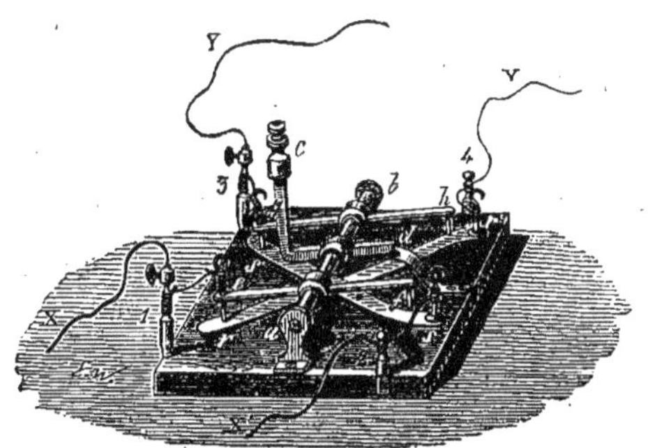

Fig. 15.

excentrique vient toucher le levier c faisant partie du mécanisme que nous allons décrire, lequel est alors mis en jeu, et produit ainsi au moment opportun, une inversion des pôles aux bornes de dérivation.

Le levier c, et les deux autres leviers e, f et g, h, au milieu desquels il se trouve, sont portés tous les trois par l'axe isolant de rotation a, b. Les deux leviers extrêmes de cet équipage mobile sont en rapport, au moyen de deux fiches, et de deux petits tortillons de fils, avec les deux bornes de dérivation 1 et 3. Le ressort antagoniste d, agissant sous la branche horizontale du levier moyen, maintient la pointe de ces fiches en contact avec les extrémités r, s', de deux ressorts entre-croisés au dessous de l'axe a, b, mais parfaitement isolés l'un de l'autre en ce point. Quant aux deux autres extrémités r', s, de ces ressorts, ce sont elles qui entrent, par un système de fiches analogues aux précédentes, en relation avec les deux bouts du fil de la bobine induite, maintenus dans les bornes 2 et 4. Ces ressorts rappellent tout à fait, on le voit, par leur disposition, la rigole remplie de mercure, et la lame métallique qui la croisait, du commutateur d'Ampère. La ressemblance se poursuit dans les équipages mobiles, qui ont entre eux une grande analogie. On remarquera, d'autre part, l'incurvation assez prononcés de ces ressorts croisés. C'est là une condition favorable au bon fonctionnement de l'appareil. La pression que les leviers exercent à un moment donné, sur les extrémités de ces ressorts, détermine en effet, dans ces conditions, une tension plus forte dans ces lames élastiques, d'où, contacts meilleurs, et aussi plus de perfection dans tous les mouvements du mécanisme.

Ceci établi. et admettant le courant induit positif en V, et négatif en X', et, d'autre part, les extrémités des leviers à fiches pressant les bouts r, s' des ressorts, la circulation du courant induit se fera, dans ce cas, de la façon suivante : partant de la borne 4, il gagnera directement la borne 1 par le ressort r', r, traversera les fils rhéophores de X en Y, pour rentrer dans la bobine par le ressort s', s, et la borne 2. A la phase suivante, c'est l'extrémité X' du fil induit qui deviendra positive; mais, à ce moment, les leviers ayant basculé, les communications s'établiront de telle façon, qu'au lieu de parcourir les ressorts, le courant induit parcourra les leviers, et, de X' reviendra en V, en passant successivement par f, e, par les fils rhéophores qui ont leur attache aux bornes 1 et 3, et, par g, h, et la borne 4. Le circuit extérieur est, on le voit, dans les deux phases contraires de l'induction, traversé, grâce au commutateur, par un courant de même sens.

Mais, ce commutateur, tout ingénieux qu'il fût, présentait en l'espèce des desiderata qui ne se faisaient pas sentir dans celui d'Ampère dont il dérive, pour la bonne raison, que celui-ci se maniait à la main, en vue d'obtenir à un moment donné, et non d'une façon régulièrement successive, un changement de sens dans un courant continu de piles, et que la question de vitesse n'y intervenait pas. La machine de Pixii, au contraire, marchant constamment, comme toutes les magnétos, à une certaine allure, on comprend que le commutateur qu'il lui avait annexé, ne devait pas, en raison de sa complexité d'abord, et ensuite, de son peu de solidarité avec l'axe de rotation de la machine, réaliser ici l'idéal.

COMMUTATEUT DE SAXTON ET CLARKE

Le fait est, qu'un an s'était à peine écoulé depuis les innovations de Pixii, que, non seulement surgirent de nouvelles formes plus légères et plus rationnelles de son appareil, mais, que Saxton et Clarke qui étaient les auteurs de ces perfectionnements (1833), créèrent alors, pour le redressement des courants induits dans leurs machines magnétos, leur commutateur bien connu, à deux lamelles de laiton. Les lamelles de laiton V, V', sont plaquées et ajustées sur un cylindre isolant, engaînant lui-même une tige métallique qui sert à le fixer sur la plaque P, P', où se trouvent déjà montées, par leur face dorsale, deux électro-aimants. Le commutateur Saxton-Clarke peut donc être considéré ici comme identifié avec l'axe de rotation autour duquel tourne le système des deux bobines. Cette qualité, jointe à sa simplicité, fait qu'il est resté le type du genre, et que son principe a été appliqué aussi au redressement des courants alternatifs des machines dynamos. Quant à son fonctionnement, rien n'est plus facile que d'en saisir les données. Que la liaison au commutateur se fasse par le négatif d'une bobine et le positif de l'autre (*accouplement à tension*), ou, par les deux négatifs réunis, d'une part, et les deux positifs également joints entre eux, d'autre part (*accouplement en quantité*), on mettra l'un de ces deux pôles directement en relation avec une des demi-viroles V, et l'autre avec la seconde demi-virole V'. Cette dernière communication a généralement lieu par l'intermédiaire de l'axe métallique central sur lequel vient se fixer alors une des extrémités du circuit induit, lequel

Fig. 16.

se prolonge jusqu'à la plaque V', grâce à une vis dont la tête serre sur la plaque commutatrice avec laquelle elle affleure, et dont la pointe arrive jusqu'à l'axe. Mais, cette disposition, nous le répétons, n'est pas indispensable, et, elle n'a pour but qu'un meilleur conditionnement de l'appareil.

Cela posé, et étant admis également que deux ressorts à frottement, fixés en z et z', dans les deux masses métalliques i, i' (*celles-ci sont réunies en une pièce unique, au moyen d'un bloc de bois, le tout situé au niveau et au dessous du commutateur proprement dit*), sont en contact avec les demi-viroles v et v'; étant admis aussi que les deux plaques commutatrices se trouvent situées sur le cylindre isolant, dans le plan renfermant les axes des bobines, et que dans un tour complet des électros devant l'aimant, le ressort z est en contact successivement avec v et v', en même temps que z' est en contact avec v' et v, il en résulte évidemment qu'une inversion dans les viroles par rapport aux ressorts, se produisant au moment même du changement de sens dans le courant, les ressorts apporteront toujours aux fils rhéophores, un courant de même sens.

La troisième demi-virole v'', reliée comme on le voit sur la figure 16, à la virole v, par une languette métallique, peut, à l'occasion, être mise en rapport avec un troisième ressort z''. Ce dispositif surajouté porte le nom de *disjoncteur*. Il permet de fermer sur lui-même le courant induit redressé, lequel se trouve naturellement interrompu chaque fois que le ressort z'' abandonne la plaque v'', et les choses sont calculées pour que cette rupture ait lieu, au moment où le courant induit a sa plus grande intensité, c'est-à-dire lorsque les branches de l'électro-aimant se trouvent dans la perpendiculaire. Ce courant de rupture est un extra-courant; il a une force de beaucoup supérieure à celle du courant induit proprement dit, comparaison qu'il est facile de faire en s'intercalant soi-même dans le circuit rhéophore.

Commutateurs inverseurs des courants continus

COMMUTATEUR DE M. RHUMKORFF

Le commutateur d'Ampère, que nous avons été amené à décrire par anticipation, était un commutateur de cet ordre. Rhumkorff s'inspirant des plaques conductrices sur cylindre isolant, de Saxton et Clarke, créait, à son tour, en 1851, dans le but d'inverser le sens du courant de pile qui servait à induire sa bobine, son commutateur à deux coques métalliques c et c', placées symétriquement sur un cylindre en ivoire, tournant autour d'un axe supporté par deux montants conducteurs E, M (fig. 17). L'un de ces montants E, est en

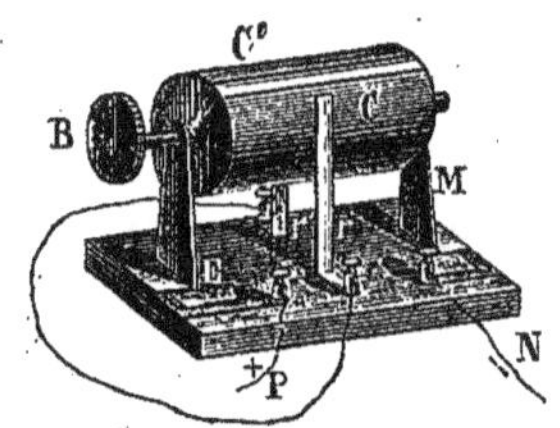

Fig. 17.

rapport, d'un côté, avec le pôle positif du couple, et communique, de l'autre, avec la plaque en laiton c. Le second montant M' est en relation avec le pôle négatif de l'élément et avec la plaque c'. Deux ressorts de dérivation r, r', sont chacun en contact avec une des coques c et c'.

Dans ces conditions, et, quel que soit le mouvement imprimé au cylindre, la même plaque commutatrice étant en rapport constant avec le même pôle de la pile, il n'y a aucune difficulté à comprendre, qu'à l'aide du bouton B, on pourra, en tournant le cylindre de 180°, amener sur le ressort r' la plaque c actuellement en rapport avec r, et à laquelle aboutit, sur la figure, le pôle positif de la pile. Le courant marchera, dans ce cas, dans le fil conjonctif extérieur, de r' en r, au lieu de se diriger de r en r' comme cela se passe sur notre dessin.

COMMUTATEURS DE BERTIN ET DE GAIFFE

Pour les batteries médicales à courants continus, où l'inversion doit avoir lieu avec un minimum d'interruption, et, par conséquent, sans la moindre réaction perceptible, M. Bertin a créé, vers 1865, un modèle de commutateur (fig. 18), qui répond d'une façon très satisfaisante à ce *desideratum*. M. Gaiffe en a fait l'application à ses batteries voltaïques, sous une forme simplifiée (fig. 19).

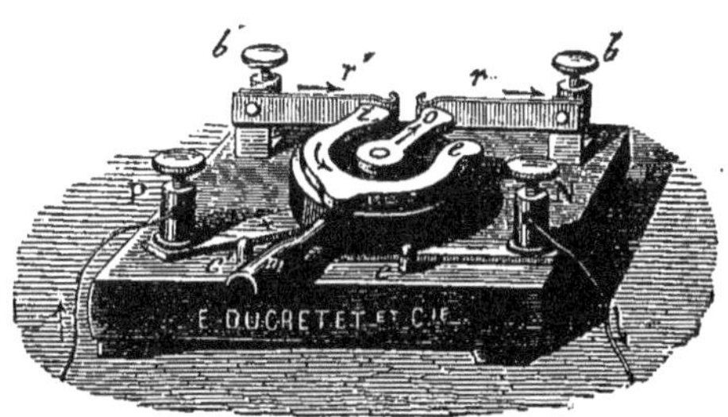

Fig. 18.

L'idée de ce genre de commutateurs repose sur ce fait d'observation élémentaire, que, si un des pôles de la pile, le pôle négatif, par exemple, aboutit au moyen d'une bifurcation, à deux bornes n, n', et que le pôle positif soit intercalé dans cette bifurcation, de telle façon à avoir les trois bornes successives $n\ p\ n'$, la dérivation faite sur $n\ p$ sera fatalement de sens opposé à celle faite sur $p\ n'$.

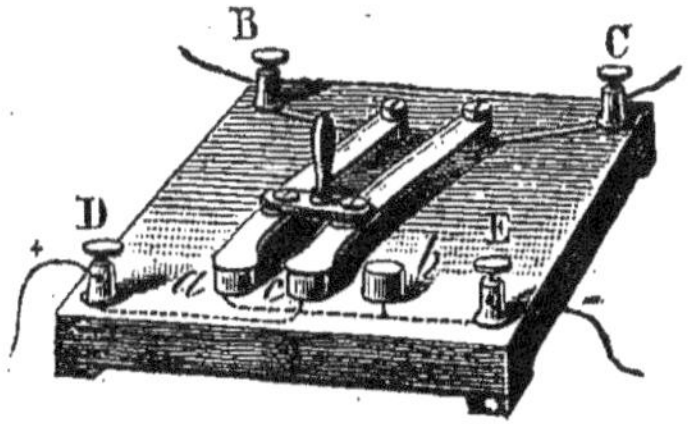

Fig. 19.

Mais, comme il s'agissait précisément de passer de $p\ n$ à $p\ n'$ avec facilité et précision, et aussi avec un minimum d'interruption, une combinaison mécanique devait intervenir. Le dispositif adopté par M. Bertin est, à cet égard, nous l'avons dit, pleinement satisfaisant. La pièce en fer à cheval qu'on y remarque, représente en i, e, les bornes idéales n et n' de tout à l'heure, le pôle positif p se trouvant en o. Suivant que cette pièce est déplacée à gauche ou à droite, au moyen de la manette m, les bornes de dérivation b et b' seront en rapport, dans le premier cas, b avec le pôle positif et b' avec le pôle négatif, et, inversement dans le second cas.

Dans la modification et simplification qu'a apportée M. Gaiffe à cette combinaison, les pôles du courant à inverser ne sont plus mobiles, comme dans le commutateur de Bertin, et le rôle du mécanisme, qui est constitué ici par un jeu de manettes parallèles, consiste précisément à aller à la rencontré du courant, et d'établir un double pont entre les bornes B et C, où sont placés les cordons rhéophores, et alternativement entre les bornes a et c, ou c et b, auxquelles aboutit le courant à inverser, et qui correspondent aux trois bornes n, p, n', théoriquement envisagées plus haut.

COMMUTATEUR DE M. CH. CHARDIN

M. Ch. Chardin a, de son côté, créé un renverseur des pôles, ingénieux, et dont la figure 20 est une projection.

A première vue, il paraît s'écarter des données des commutateurs Bertin et Gaiffe; mais, l'analyse de son mécanisme montre qu'il s'y rattache étroitement, et par son principe, et par le fond de son dispositif, qui est seulement un peu plus compliqué.

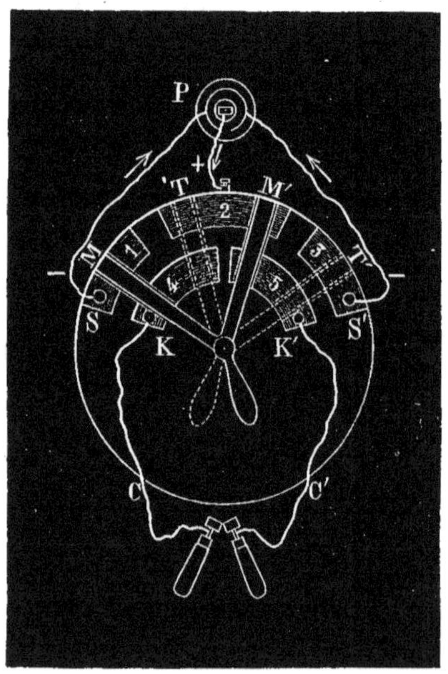

Fig. 20.

La manette en fourche y fait l'office des deux manettes de Gaiffe. Grâce, en effet, à un artifice de construction, les extrémités seules de cette fourche, jouent un rôle dans le déterminisme du renversement du courant, et elles sont, à cet égard, complètement indépendantes l'une de l'autre, et ne communiquent pas, fonctionnellement parlant, comme on pourrait se le figurer à première vue, à leur point de jonction au centre de la manette. La combinaison se complète par un système de cinq plaques en laiton, fixées, comme l'axe de rotation de la manette, sur un socle en ébonite.

Cela posé, et les deux bornes de dérivation du circuit extérieur se trouvant en K et K', sur les plaques 4 et 5, et le courant de la pile P, arrivant par son pôle positif à la plaque 2, et par son pôle négatif bifurqué aux plaques 1 et 3, ce qui réalise parfaitement l'idée des commutateurs Bertin et Gaiffe, nous allons voir que dans les deux positions successives que peut occuper la manette, correspondent bien dans le circuit extérieur, deux courants en sens contraire l'un de l'autre. Si, par exemple, on admet la position de la manette en $M\,M'$, le courant qui arrive à la plaque 2, n'a qu'une voie ouverte devant lui sur le circuit extérieur. Cette voie lui est offerte par la branche M de la manette qui lui sert de pont pour le conduire à la plaque 5, d'où il gagne C', C et K, et retourne à la pile par la seconde branche M' de la manette. La direction du courant dans la seconde position de la manette, sera à travers le pont fait par la branche T de la manette, qui le conduit à la plaque 4, d'où il gagne C, C', K', pour retourner à la pile par le point qui lui est offert entre les plaques 5 et 3, par la branche T' de la manette.

Collecteur double — Commutateur du Dr Fontaine-Atgier

Nous en aurons terminé avec les commutateurs des pôles des courants continus, quand nous aurons signalé comme inverseur, notre collecteur double à jeu concentrique, créé en 1886 (fig. 21). C'est, en effet, la propriété de ce genre d'organe, que de permettre, en même temps que d'user une batterie voltaïque dans n'importe quelle section de la série des piles, de déterminer

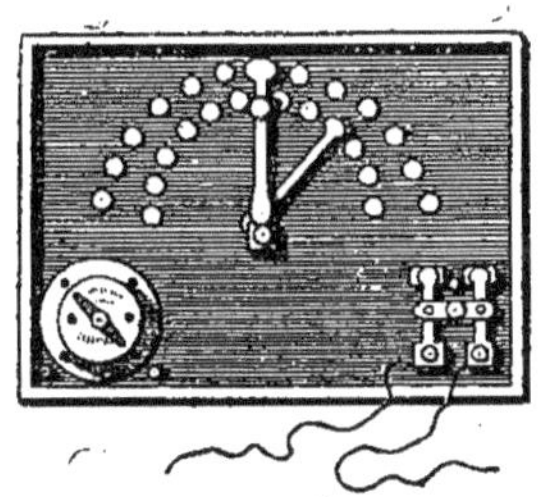

Fig. 21.

aussi à volonté le changement dans la direction du courant, par une simple interversion des manettes. C'est même le procédé le meilleur, au point de vue médical, pour obtenir le renversement des pôles, puisque, avec lui, l'opération se fait toujours entre deux seuls éléments et, par conséquent, sans interruption et sans secousse appréciable.

Notre collecteur double à jeu concentrique prend le nom de *Commutateur rotatif* (1), lorsqu'au moyen d'un mécanisme approprié, on fait évoluer automatiquement ses manettes de la façon suivante :

---

(1) Le premier *Commutateur rotatif* a été construit en 1888, par M. Solignac, ingénieur de la Société Popp. Il lui avait donné le nom d'*Onduleur*.

Soit les deux manettes supposées ensemble, l'une au-dessus de l'autre, sur les deux premiers boutons de l'extrémité gauche du collecteur ; l'une des deux, la plus grande, par exemple, commencerait à marcher sur la droite de celui-ci, jusqu'au dernier bouton de droite, introduisant ainsi progressivement et un à un, dans le circuit, douze éléments de pile ; la seconde manette la rejoindrait alors dans le même ordre, ce qui retirerait du circuit, dans la même progression, les douze éléments qui venaient d'y entrer. Les manettes reviendraient ensuite sur leurs pas, opérant les mêmes manipulations dans le courant que dans la phase précédente, avec cette seule différence, que la manette partie tout à l'heure la dernière, partira cette fois la première, ce qui a la propriété de changer le sens du courant. Dans l'ensemble de ces conditions, le résultat d'une telle action du collecteur sur la batterie de piles, sera évidemment un courant voltaïque alternatif, à ondes très étalées. Comme le courant sinueux, il est une variété du courant sinusoïdal, sa caractéristique graphique étant une *courbe en escalier* (1).

Nous verrons un peu plus loin que notre Transmutateur Multiplex, en même temps qu'il est interrupteur et redresseur, est aussi alternateur du courant continu, et un alternateur perfectionné, puisqu'il est apte à produire mécaniquement, sans interruption appréciable, et aussi lentement et aussi rapidement qu'on le désire, le renversement du courant voltaïque.

Cette dernière considération justifie la digression dans laquelle nous nous sommes laissé entraîner, touchant les commutateurs des courants continus. D'autre part, si nous avons cru devoir nous arrêter assez longuement sur le redressement des courants magnéto-électriques, qui sont d'un type passablement différent des commutateurs volta-faradiques, lesquels nous intéressent surtout ici, c'est que nous avons pensé, qu'en embrassant ainsi dans son ensemble, tous les genres de commutateurs, et en les présentant autant que possible, accompagnés de la date de leur création, il y avait là un point historique intéressant à mettre en lumière, et que cette synthèse de mécanismes variés, concourant à des buts analogues, et éclairés par des figures, devait être suggestive, et pouvait rendre service.

Au surplus, cette revue des commutateurs des courants continus et des courants magnéto-électriques, ne peut qu'être une préparation utile à la facile compréhension des commutateurs des courants volta-faradiques, dont nous allons maintenant aborder l'étude, et auxquels appartient précisément notre *Transmutateur Multiplex*. Ces derniers sont, en effet, passablement plus compliqués dans les détails de leur mécanisme, et cette complication provient de ce que l'élément qui, dans les machines magnétos, rendait relativement simple la réalisation de la condition essentielle du redressement de tout courant alterna-

---

(1) Les *commutateurs à couplage* ont seuls été omis dans cette sommaire revue des commutateurs, et cela, parce que leur fonction, qui est bien aussi de modifier brusquement les qualités du courant électrique, en changeant à sa source les conditions de débit (*couplage des éléments en batterie ou en série*) ne touche en rien à la direction même de ce courant. Le type de ces commutateurs est le commutateur Planté.

tif, condition qui réside, on le sait, dans la coïncidence d'une inversion des pôles aux bornes de dérivation, avec le changement dans le sens du courant qui traverse le circuit extérieur, de ce que cet élément, disons-nous, qui était le mouvement de rotation du système, fait ici complètement défaut, là où les bobines qui entrent dans la construction des appareils volta-faradiques ou Volta-Grammes, constituant des systèmes fixes.

Commutateurs redresseurs des courants volta-faradiques

COMMUTATEUR DE MM. MASSON ET BRÉGUET

Quoi qu'il en soit, c'est à MM. Masson et Breguet qu'on est redevable du premier appareil volta-faradique (1), et aussi du premier commutateur approprié à ces générateurs spéciaux de courants induits également particuliers. Voici l'ingénieuse combinaison qu'ils trouvèrent, pour déterminer le redressement de cet ordre de courants alternatifs, et à l'ensemble de laquelle ils donnèrent le nom de rhéotrope. Ce rhéotrope est représenté en plan dans la figure 22, extraite du mémoire même de MM. Masson et Breguet, présenté par eux à l'Académie, le 23 août 1841.

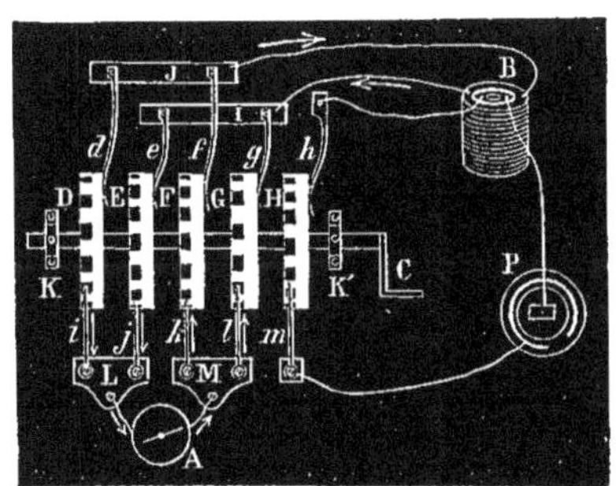

Fig. 22.

Il se compose, comme on le voit, de cinq roues d, e, f, g, h, montées sur un axe métallique, dont la rotation est commandée par la manivelle C, et naturellement isolées de cet axe, puisqu'elles sont en bois. Ces roues ont 2 centimètres environ d'épaisseur, et sont plaquées de parties métalliques, les unes continues dans toute l'étendue de la circonférence, ou du champ de la roue, les autres, au contraire, y figurant sous forme d'une série de petites zônes de laiton, séparées les unes des autres, par des surfaces en bois d'égale étendue.

---

(1) M. Wartmann est cependant indiqué, dans le *Traité théorique et pratique d'Électricité*, de De La Rive, comme ayant construit, à la même époque, un commutateur fort analogue à celui de MM. Masson et Breguet. Le dessin en est même donné à la page 402 de cet ouvrage.

Ces données sont réalisées, au point de vue de la construction, soit en entourant le pourtour de chaque roue d'un ruban métallique crénelé sur un de ses bords, en ayant soin que cette partie crénelée ait la même orientation dans toutes les roues, soit en doublant la face homonyme de chaque roue, d'une large couronne de cuivre crénelée sur sa plus grande circonférence, et sur une hauteur égale à l'épaisseur de la roue, et en rabattant les créneaux dans des entailles pratiquées à leur niveau, sur le pourtour de la roue. Le rhéotrope était en définitive, on le voit, le développement fécond du principe de la roue dentée métallique dont MM. Masson et Breguet se servaient à l'origine, pour interrompre leur courant inducteur, et qui est connue encore aujourd'hui, sous le nom de roue de Masson (on en trouvera un dessin dans la *Physique* de Daguin, édition de 1853).

Les roues qui le constituent, ne sont, en effet, que des roues dentées spéciales, celle la plus voisine de la manivelle jouant le rôle de rhéotome, et les quatre autres réalisant le rhéotrope proprement dit.

Quoi qu'il en soit, ces roues, ainsi constituées, et leur disposition sur l'axe étant telle, que les dents de cuivre des deux roues extrêmes se trouvent vis à vis des dents de bois dans les roues moyennes, les connexions du circuit induit avec le rhéotrope s'établissent de la façon suivante :

Chaque extrémité du fil induit, aboutit à une roue extrême et à une roue moyenne du système rhéotrope, à l'aide de deux ressorts frottant sur les plaques de cuivre fixées, dans notre dessin, sur la face homonyme des roues, et dont une paire est portée par la masse métallique J, et l'autre par la masse également en métal, I. D'autre part, la partie dentée des roues est en relation avec deux étaux métalliques L, M, par l'intermédiaire de quatre ressorts i, j, k, l.

Or, ces étaux collectant les courants, alternativement par les ressorts l, i, et j, k, et, d'autre part, le système étant en rotation, les contacts des roues moyennes prenant constamment, dans le circuit, la place des contacts des roues extrêmes, il est facile se rendre compte, en ne perdant pas de vue, qu'à chaque changement dans les contacts, correspond un changement dans la direction du courant induit, que les fils rhéophores partant des étaux, et traversant le galvanomètre A, seront parcourus par un courant de même sens.

Si, en effet, dans une première phase de l'induction, on veut bien admettre que ce sont les roues moyennes du rhéotrope, dont les dents de cuivre se correspondent, qui sont en activité fonctionnelle par rapport au rhéotome se trouvant en période d'ouverture, et, c'est le cas représenté dans notre figure, on remarquera que le courant induit actuellement déterminé, et dont le sens est indiqué par les flèches, arrivera fatalement, par la roue F et le ressort j, à la plaque collectrice L, et de là, par le fil conjonctif, le second étau M, le ressort k, la roue G et le ressort f, viendra fermer son circuit sur la masse J. — A la période suivante, le courant ayant changé de sens, et les roues extrêmes devenant seules actives au point de vue des communications possibles, le courant aboutira encore, tout d'abord à l'étau L par la masse J, les ressorts d et i, et le circuit s'achèvera par M, l, g et I. Les mêmes phénomènes alterneront de la même manière dans les phases suivantes, et les rhéophores se trouveront donc, à tout instant de la marche de l'appareil, parcourus par un courant de même sens. — En enlevant les deux ressorts moyens, ou les deux ressorts extrêmes du système des étaux, on recueillerait exclusivement, soit les courants d'ouverture, soit les courants de fermeture.

Commutateur de M. Abria

Vers la fin de cette année 1841, qui date, nous venons de le dire, la création de MM. Masson et Breguet, M. Abria, et, deux ans plus tard, M. Auguste De La Rive, de Genève, au cours de leurs belles expériences, le premier sur les actions magnétiques différentielles des courants induits de fermeture et d'ouverture *(Annales de Physique et de Chimie*, tome III, série 3); le second, sur les effets chimiques du courant d'induction, imaginèrent à leur tour des commutateurs spéciaux, dans le but limité, d'une production facile, soit des seuls courants induits de fermeture, soit des seuls courants induits d'ouverture.

L'analyse du dispositif du commutateur d'Abria, a été faite dans le *Traité d'Électricité théorique et pratique*, de De La Rive (p. 401). D'autre part, Duchenne de Boulogne a utilisé, dans ses études électro-physiologiques, une variante de ce commutateur (page 115, de l'*Electrisation localisée*). C'est sur ces données que nous avons établi notre schéma de la figure 23, car, nulle part nous n'avons pu rencontrer le dessin de l'appareil original.

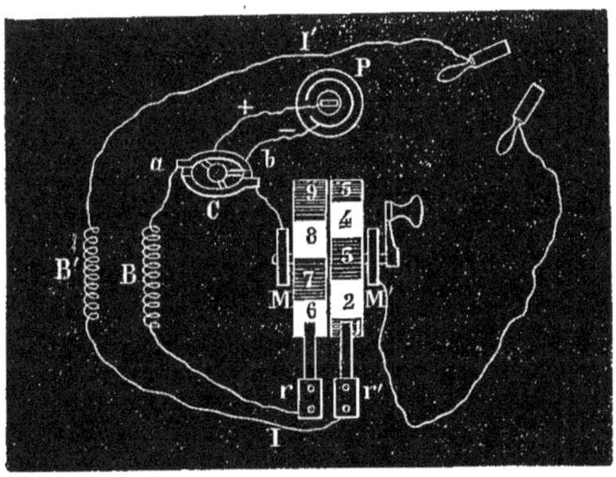

Fig. 23.

Il se compose de deux roues, dont l'une M fait l'office de rhéotome, et dont l'autre M' joue le rôle de rhéotrope. D'une structure identique à celle du commutateur de MM. Masson et Breguet, ces deux roues n'en diffèrent que sur deux points, celui, d'abord, du rapport entre elles des parties alternativement conductrices et isolantes de la circonférence, et, d'autre part, celui de leur communication électrique avec les montants métalliques portant l'axe de rotation. Cette communication se fait aisément, étant donné que, lorsqu'on place les deux roues sur l'axe, on a soin que la plaque en laiton qui les double sur une de leur face, soit tournée du côté des montants, et entre en contact avec eux. Les deux autres faces qui sont en bois, sont appliquées l'une contre l'autre. En ce qui concerne le premier point, on ne voit plus ici, comme dans le rhéotrope de MM. Masson et Breguet, les sections métalliques de la circonférence d'une roue, correspondre dans toute leur étendue avec les sections semblables de l'autre roue, soit franchement alterner avec les parties en bois de celle-ci. Ces surfaces alternativement conductrices et isolantes, se trouvent dans le cas présent, décalées, si je puis m'exprimer ainsi, d'une demi-longueur de leur étendue, d'une roue à l'autre.

Cette disposition donnée, et, les circuits inducteur et induit P, B, r, b, et I', B', I, r', entrant en relation avec les deux roues, d'un côté par l'intermédiaire des ressorts r, r', et de l'autre, par leurs attaches aux montants M, M', nous allons voir qu'on ne recueillera bien que des courants de fermeture, ou des courants d'ouverture, suivant que la manivelle tournera de droite à gauche, ou de gauche à droite. Que se passera-t-il, en effet, si on actionne, par exemple, le système de droite à gauche? Les sections alternativement isolantes et conductrices de la périphérie des roues, marcheront du haut de la figure vers le bas, et, la première variation qui se produira dans le circuit inducteur, sera une rupture sur la section en bois 7. Un courant induit correspondant prendra alors naissance, lequel entrera par la plaque métallique 2, et le montant M, dans le circuit extérieur. Lorsque le ressort r entrera en relation avec la section conductrice 8, il se produira une fermeture dans le circuit de la pile, d'où courant induit de fermeture. Mais, ce courant de fermeture étant, comme celui de rupture, instantané, il se trouve éteint lorsque la section métallique 4, qui pourrait seule lui permettre son passage dans le circuit, viendra en contact avec r'. Ce dernier contact durera encore toutefois, lorsque le deuxième courant inducteur de rupture se formera sur 9, d'où dérivation d'un second courant induit de rupture, et ainsi de suite, pour toutes les autres phases accompagnant la marche du système de droite à gauche.

Donc, l'appareil mis en mouvement comme nous venons de l'indiquer, ne donne absolument que des courants de rupture. La même analyse est facile à faire dans le cas de rotation de gauche à droite, où les sections de la circonférence des roues marchent du bas de la figure vers le haut, et, on s'assure alors, que la dérivation du circuit induit ne peut se faire qu'aux seules fermetures du courant inducteur, et qu'on ne recueille par conséquent, dans ce cas, que des courants induits de fermeture.

En C, se trouve intercalé le commutateur des pôles, que Duchenne employait concurremment avec son commutateur volta-faradique, en vue de changer l'orientation des courants induits partiels de même sens fournis par celui-ci. Ce n'est, en somme, qu'un commutateur de Bertin, marchant à l'aide d'un bouton, au lieu d'une manette.

Commutateur d'Auguste De la Rive

L'illustre physicien de Genève aboutissait aux mêmes résultats que M. Abria, par un système moins pratique, il faut le reconnaître, mais certainement original et ingénieux, comme étaient, du reste, la plupart des conceptions de cet éminent savant. Donc, il avait imaginé une combinaison (fig. 24), dans laquelle se trouvent, d'un côté, quatre aiguilles de forme analogue à celles des galvanomètres, montées sur un axe de rotation spécial, dont le mouvement dépendait d'un mécanisme d'horlogerie, ou lui était communiqué au moyen d'une manivelle, et de l'autre, une cuve en bois à quatre compartiments étanches, remplis de mercure, 1, 2, 3, et 4, et parfaitement isolés électriquement les uns des autres.

Dans le mercure de ces compartiments, plongent les fils de l'inducteur et de l'induit, terminés à cet effet, par des plaques en cuivre occupant le fond de ces subdivisions de la grande cuve. C'est ainsi que le pôle positif de la pile P pénètre dans le compartiment 1, et, de la même façon, le pôle négatif arrive au compartiment 2, après avoir traversé la bobine inductrice. Les deux

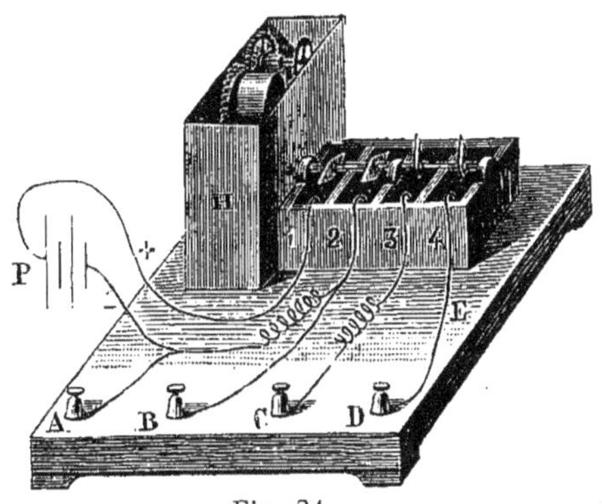

Fig. 24.

extrémités du fil induit arrivent dans les mêmes conditions aux compartiments 3 et 4 Nous devons encore faire remarquer, que l'axe sur lequel se trouvent montées les quatre aiguilles, est une tige qui se démonte en cinq parties. Les deux parties extrêmes et la partie moyenne, sont en matière isolante, bois, ivoire ou ébonite, munies dans leurs bouts, d'une garniture métallique à vis ; les deux autres sont, au contraire, entièrement métalliques, et à écrous. A chacun de ces écrous correspond une des aiguilles, par le trou que chacune d'elle porte à son centre, et elles se trouveront ainsi toutes les quatre enserrées contre ces parties métalliques, d'un côté, par les deux bouts du fragment moyen, et de l'autre, par un des bouts du fragment extrême qui seront vissés à force sur les aiguilles.

On a donc, en résumé, un axe isolant, portant deux paires d'aiguilles sans communication électrique entre elles, mais dont les aiguilles dans chaque paire, constitue un système conducteur ; si bien, que toutes les fois que la paire d'aiguilles, correspondant aux deux compartiments dans lesquels se trouvent noyés dans le mercure, les fils de la bobine induite, viendront à plonger dans ce mercure, un pont étant ainsi jeté entre les deux compartiments, le courant induit pourra circuler, et être ainsi dérivé aux deux bornes C, D. Quant à la nature du courant induit recueilli, il dépend de la situation entre elles des deux paires d'aiguilles. Si, comme la chose est représentée dans notre dessin, les aiguilles correspondant aux deux compartiments en rapport avec le circuit inducteur, sont hors du mercure, au moment de l'immersion des deux autres, il est évident que c'est exclusivement à des courants induits d'ouverture que nous aurons affaire. Pour que ce cas soit réalisé, il faut que les deux paires d'aiguilles soient disposées sur l'axe, perpendiculairement l'une par rapport à l'autre. Si, au contraire, les axes des quatre aiguilles se trouvent sur un même plan, ce sera des courants induits de fermeture qu'on dérivera, au moment où le pont s'établira entre les compartiments 3 et 4, puisque, à ce même moment, le circuit inductenr se trouve lui-même fermé. On comprend, au surplus, que, si cette position des deux paires d'aiguilles entre elles restait la même, et qu'on considérât le système complet en dehors du mercure, on ne pourrait dans ce cas, recueillir que l'extra-courant, par simple dérivation en A et B.

Commutateurs du Dr FONTAINE-ATGIER

A. — TREMBLEUR-COMMUTATEUR-COLLECTEUR DE LA VOLTA-GRAMME ORIGINELLE

Nous avons déjà eu l'occasion, au commencement de ce travail, de faire la critique du premier procédé employé par nous, pour le redressement des courants alternatifs faradiques. D'un côté, en effet, non seulement le commutateur qui était solidaire du trembleur, alourdissait fâcheusement la marche de celui-ci, mais il se trouvait, d'autre part, en relation fonctionnelle avec des ressorts collecteurs qui le bridaient, ce qui aggravait encore ce défaut.

Néanmoins, malgré ces imperfections, et, quoique nous lui ayons définitivement substitué le *Transmutateur Multiplex*, nous croyons que la combinaison est suffisamment intéressante par elle-même, pour que nous en donnions ici une description sommaire.

Étant donc donné le système Volta-Gramme B, B', avec les deux extrémités homologues du fil de chaque bobine réunies en I (fig. 25), les deux autres se trouvent reliées sur deux plaques commutatrices en laiton p, p', à l'aide de deux boudins r, r', de fil électrique assez fin pour que sa souplesse se prête, sans la moindre résistance, aux oscillations du système trembleur-commutateur.

La constitution du commutateur proprement dit, avec ses deux coques métalliques indépendantes l'une de l'autre, et fixées sur la tige isolante G,

rappelle, on le voit, celle du commutateur de Rhumkorff. Et, de fait, il n'en
diffère, que, parce que sa fonction, au lieu d'être liée à un mouvement de
rotation, relève ici d'une translation de la tige de droite à gauche, et de
gauche à droite.

A chacun de ces déplacements, une des plaques commutatrices entre en
rapport avec un des deux ressorts m, m'. Or, ces deux ressorts sont montés
sur une traverse métallique reliant, par dessus le commutateur, les deux montants c, c', et, réalisent, dans ces conditions, le collecteur du système. Si
bien, qu'à chacun de ses contacts, soit avec m, soit avec m', la coque commutatrice qui se trouve en jeu à chaque demi-oscillation du trembleur, apporte
à la borne K, en relation avec le collecteur c, c', alternativement le courant
de la bobine B, et le courant de la bobine B'.

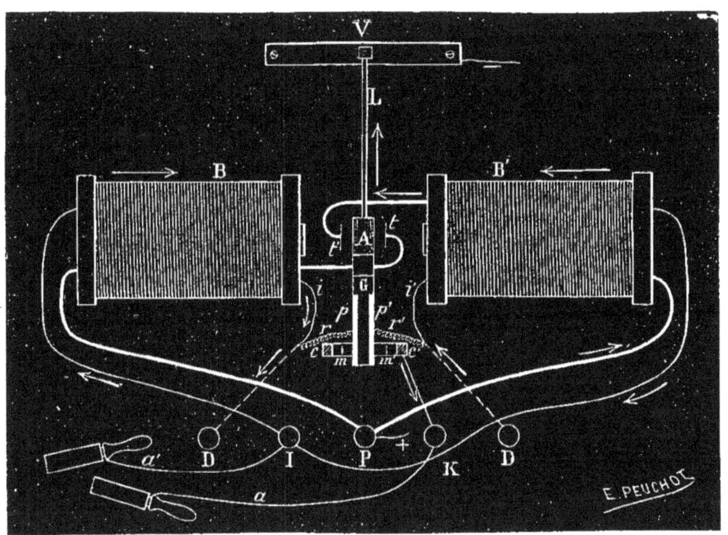

Fig. 25.

Mais, nous devons rappeler ici la disposition spéciale, et inhérente même
au dispositif que nous faisons actuellement connaître pour le redressement
des courants induits faradiques, du fil inducteur, par rapport aux deux ressorts
antagonistes t, t', de l'armature. Les extrémités des fils inducteurs, ceux-ci
sont représentés en traits gras dans le dessin ci-joint), qui doivent aboutir aux
ressorts t, t', prennent en effet contact, comme on peut s'en rendre compte,
chacune sur le ressort qui se trouve du côté de la bobine à laquelle appartient
l'autre extrémité, elles s'y trouvent en un mot croisées, si bien, que, lorsque
le commutateur est en fermeture sur la bobine B, c'est dans le fil inducteur
de la bobine B' que passera le courant de pile, et *vice versâ*.

On remarquera que c'est là une disposition indispensable à la marche de
l'appareil, car, dans le cas de non croisement, au moment du passage du courant de pile, l'armature attirée par l'électro-aimant ainsi développé, ferme-

rait le circuit sur le ressort, et, le trembleur-commutateur serait ainsi fatalement réduit à l'immobilité.

Quoi qu'il en soit, il résulte de cette disposition croisée des fils inducteurs, au niveau des ressorts antagonistes, que les courants induits recueillis par les ressorts m, m', du collecteur c, c', seront exclusivement et alternativement des courants d'ouverture. C'est ainsi, par exemple, que, si nous admettons le trembleur V, L, en fermeture par son armature A sur le ressort t, ce sera la bobine B' qui sera en ouverture, et la bobine B en fermeture, et, ce sera seulement le courant d'ouverture de la bobine B' qui pourra être recueilli aux bornes de dérivation I, K, puisque, au moment où l'armature du trembleur est en contact avec le ressort t, c'est la plaque commutatrice avec laquelle se trouve en connexion le fil de la bobine B', qui, seule, entre en contact avec le collecteur, par l'intermédiaire du ressort m'. Quand l'armature A fermera le circuit inducteur sur t', ce sera, pour les mêmes raisons, le courant induit qui prend naissance à ce moment dans B, qui seul pourra être mis en circulation en I, K, et, nous savons que ce courant, en raison du croisement de l'inducteur sur les ressorts antagonistes du trembleur, ne peut être qu'un courant de rupture.

Le courant Gramme ou ondulé est, dans cette combinaison, on le voit, formé de la succession dans le circuit extérieur, alternativement des courants induits d'ouverture de l'une, puis de l'autre bobine, successivement, du système Volta-Gramme,

Le résultat est ici, par conséquent, à l'inverse de ce qu'obtenaient MM. Abria et De la Rive, un véritable courant, puisque, chaque demi-oscillation du trembleur mettra en circulation le courant d'ouverture d'une des bobines, et que la succession de ces courants se fera ainsi sans interruption appréciable, ni temps perdu. Les auteurs que nous venons de citer, ne pouvaient, au contraire, recueillir exclusivement, soit les courants d'ouverture, soit les courants de fermeture, qu'après le temps nécessaire à la formation, et à l'évolution de ceux de ces courants qu'ils voulaient laisser de côté.

Le trembleur, sur l'armature duquel est fixée la tige isolante G du commutateur, par l'intermédiaire d'une douille à vis, n'est autre que celui que nous avions adopté pour nos anciens appareils électro-médicaux. Notre ressort antagoniste à boudin étant ici inutile, a été seulement supprimé. Il est donc réduit, dans le cas actuel, à son armature A, et à son balancier L, lequel est rivé sur un axe vu en V, en perspective verticale, et dont la grande mobilité est assurée par les deux pointes d'acier sur lesquelles il évolue. Aux bornes D, D', se dérive le courant induit sinueux.

B. — Le Transmutateur Multiplex

En définitive, pas plus le commutateur de De La Rive, que ceux de MM. Abria et Duchenne de Boulogne, ne redressaient les courants alternatifs, dans le sens propre du mot. Ils mettaient simplement à la disposition de l'expérimentateur ou du médecin, des courants de même sens, soit exclusivement des courants de fermeture, soit exclusivement des courants de rupture, avec perte du temps correspondant à celui des deux courants laissé de côté. Seules, jusqu'à ce jour, les combinaisons de MM. Masson et Breguet, et celle de Wartmann, en dehors du trembleur-commutateur-collecteur de la Volta-Gramme originelle, dont nous venons d'analyser le dispositif particulier, permettaient l'orientation de la totalité des courants partiels volta-faradiques.

Le Transmutateur Multiplex, sans s'écarter absolument, dans son principe, de ces derniers commutateurs, constitue sur eux un perfectionnement et un progrès remarquables. D'abord, on n'y trouve pas, comme dans les commutateurs précédents, des combinaisons de situation entre les différentes parties qui le constituent. A cet égard il est, comme on va le voir, d'une rigoureuse

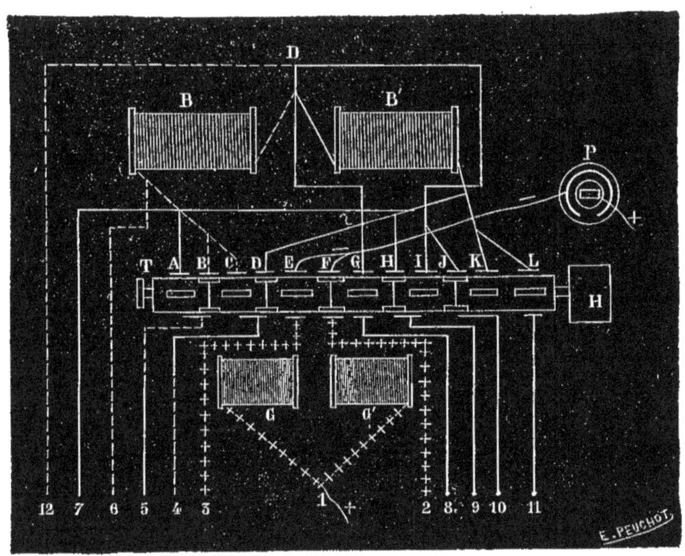

Fig. 26.

uniformité, et bien comparable en cela, à un clavier; la nature de ses actions sur le courant, dépendra exclusivement de l'association qu'on fera de ces parties métalliques, lors de leur mise en circuit. D'autre part, tout en étant plus simple dans sa structure, il permet cependant de réaliser des combinaisons beaucoup plus nombreuses de courants. Il est, à cet égard, suivant l'expression de M. Hospitalier, un véritable transformateur polymorphique de l'énergie électrique, et cela justifie ainsi pleinement, le nom que nous lui avons donné de *Transmutateur Multiplex*. La figure 26 le représente en plan, avec le réseau complet des fils qui y aboutissent, et qui proviennent des systèmes inducteur et induit, *G G'*, *B B'*, séparés ici l'un de l'autre pour la clarté de la démonstration.

Malgré ses multiples fonctions, notre Transmutateur se résume donc en un cylindre en matière isolante *(bois, ivoire, verre* ou *ébonite)*, traversé de

distance en distance et de part en part, par des tiges de cuivre, toutes perpendiculaires les unes par rapport aux autres, et terminées chacune extérieu-
rement, par deux petites plaques de contact, en même métal. Douze de ces
pièces détachées, qui rappellent assez bien la forme du bouton de manchettes,
suffisent à toutes les combinaisons possibles. Leur rôle est d'ouvrir la voie, ou
d'interrompre les communications, suivant les cas, entre les courants arrivant
des bobines induites aux douze ressorts ou balais qui se trouvent en arrière
du cylindre, et les fils transmetteurs partant des huit ressorts qui se trouvent
en avant, et qui aboutissent aux bornes de dérivation. S'il n'y a que huit ressorts en avant, c'est que, de ce côté, à huit pièces métalliques du transmutateur, ne font face que quatre ressorts, mais disposés de telle façon, et assez
larges pour que, lors du mouvement de rotation du cylindre, qui est sous la
dépendance d'un mécanisme d'horlogerie H, et dont on est maître de la
vitesse, grâce à un volant, ces ressorts entrent alternativement en contact
avec deux pièces métalliques voisines, et à 90° par conséquent, l'une par
rapport à l'autre (1).

Cela posé, rien ne sera plus aisé, en s'aidant du schéma de la figure 26, que
de se rendre compte du déterminisme de chacun des courants que peut produire la Volta-Gramme, soit en raison de son principe même, de l'opposition
d'un nombre pair de bobines fonctionnant sur un seul et même trembleur ou
interrupteur, soit à l'aide de son Transmutateur Multiplex, et qui sont :

1° L'extra-courant proprement dit ;
2° L'extra-courant sinueux ;
3° Le courant alternatif faradique ;
4° Le courant induit sinueux ;
5° Les seules ondes d'ouverture ou de fermeture du courant faradique ;
6° Le courant induit arciforme ;
7° La série orientée des ondes de fermeture et d'ouverture du courant
faradique ;
8° Le courant Gramme.

En se branchant en 1 et 2 ou en 1 et 3, on recueille naturellement, par
dérivation, et sans l'intervention du Transmutateur, la série des extra-courants, soit de la bobine inductrice G, soit de la bobine G', extra-courants
composés de ceux correspondant à l'ouverture et à la fermeture du circuit de
pile, au niveau des ressorts E ou F, et des deux autres qui leur correspondent
en avant du cylindre. Ce courant, on le comprend, est orienté. Le courant de
fermeture, qui a une direction inverse à celui de la pile, n'intervient en effet
sur celui-ci, qu'à titre d'élément de résistance, et l'extra-courant de rupture
a un sens qui concorde avec le courant voltaïque.

---

(1) Dans la construction, ces quatre ressorts simples, mais que, pour la facilité de la
démonstration, nous avons supposés assez larges pour entrer alternativement en contact avec
deux ponts voisins du commutateur, sont remplacés par quatre étaux portant chacun deux
ressorts, et de tout point semblables, par conséquent, à ceux que nous avons signalés dans
l'appareil de MM. Masson et Bréguet.

Les fils conjonctifs placés en 2 et 3, donneront ce même extra-courant, sous la forme alternative sinueuse. On utilise à la fois, dans ce cas, en effet, grâce à la jonction en 1, d'une des extrémités homologues du fil de chaque bobine inductrice, les courants qui se produisent simultanément dans ces deux bobines. Or, l'une étant fatalement en fermeture par rapport à celle qui se trouve en ouverture, et les deux courants correspondants étant de sens contraire, il est aisé de se rendre compte, que ces deux courants s'additionnent en 1, puisque, si l'un monte, je suppose, de 1 en G', l'autre, étant inverse, descendra de G en 1, et que les fils rhéophores extérieurs seront parcourus par un courant allant alternativement de 2 à 3, et de 3 à 2.

Le courant alternatif faradique, c'est-à-dire celui développé par l'induction d'un fil sous l'influence de la fermeture et de l'ouverture d'un courant inducteur voltaïque, se prendra aux bornes 6 et 12. Ces bornes correspondent à deux branchements, provenant des deux extrémités du fil induit de la bobine B, et qui se trouvent naturellement en dehors du commutateur, qui, pas plus que dans les deux cas précédents, n'a ici à intervenir.

Le déterminisme de l'induit sinueux, est absolument le même que celui que nous avons exposé à propos de l'extra-courant sinueux. Les courants alternatifs de cette forme, proviennent encore, ici, de l'addition des deux courants de sens contraire, d'ouverture et de rupture, des deux bobines induites, et de leur utilisation simultanée. Il se dérivera aux bornes 6 et 7.

Pour les formes suivantes du courant, l'intervention du transmutateur devient nécessaire.

C'est ainsi qu'en fermant le circuit extérieur entre les bornes 8 et 11, on ne dérivera à ces bornes, que les seuls courants d'ouverture. Cela se comprend aisément, puisque les deux ressorts en relation avec ces deux bornes, n'entreront en contact avec les deux ponts métalliques du transmutateur qui leur correspondent, que chaque fois que le circuit inducteur de la bobine G sera en rupture, c'est-à-dire lorsque le pont établi entre les deux fils rhéophores de la pile, par la pièce métallique du transmutateur qui est au niveau de F, sera à 90° des deux autres. Si ces trois ponts du transmutateur que nous venons de considérer, avaient une situation inverse à celle que nous avons décrite, on ne recueillerait alors, naturellement, que des courants de fermeture.

En se plaçant aux bornes 11 et 4, on recueillerait une même espèce de courant que le précédent, mais il proviendrait alors, non plus de l'induit faradique, mais de l'induit sinueux. On remarque, en effet, que si dans le cas actuel, on faisait abstraction du commutateur, et qu'on relie directement les fils correspondant aux bornes 11 et 4, aux fils des bobines dont ils étaient séparés par le commutateur, on recueillerait le courant sinueux analysé plus haut. Le transmutateur n'intervient donc que pour fermer et rompre alternativement le circuit, sur deux de ses ponts métalliques situés dans le même plan. Le courant ne pourra donc passer qu'à chaque demi-révolution ou cylindre, et, dans ces conditions, on ne recueillera forcément que les ondes de même sens du courant sinueux, donnant sur un graphique cette série d'arceaux qui caractérisent le *courant arciforme*. Quant aux deux derniers courants, le faradique redressé (courant en cascade), et le sinueux redressé (courant Gramme), ils s'obtiennent tous les deux par le même procédé.

Dans un cas comme dans l'autre, quatre ponts consécutifs du transmutateur, et tous, par conséquent, perpendiculaires les uns par rapport aux autres, choisis de préférence dans la même section du cylindre, et envisagés pour la circonstance comme réunis en deux groupes distincts, doivent être mis en jeu, pour permettre la combinaison des fils qui doit fournir le résultat cherché.

Le principe de cette combinaison, est la mise en communication de chacune des extrémités du fil induit dans le système Volta-Gramme, où prend naissance le courant qu'on veut redresser, à la fois avec les deux paires de pièces métalliques réservées ci-dessus à cet effet, sur le cylindre commutateur. Il importe toutefois d'avoir soin que le pont auquel une extrémité aboutit dans une paire, soit à 90° de celui sur lequel arrive la bifurcation de cette même extrémité dans l'autre paire.

On peut très bien suivre cette disposition des fils dans notre figure 26. On y remarque en effet, en ce qui concerne le redressement du courant faradique, une des extrémités du fil de la bobine B', aboutir au ressort K, au niveau d'un pont vu en projection verticale, lequel constitue avec J, une des paires de ces ponts. — La bifurcation de cette même extrémité aboutit à l'autre paire, en H, au niveau d'un pont vu en perspective horizontale. — La seconde extrémité se branche dans les mêmes conditions sur $I. J.$ Ce courant faradique redressé sera donc dérivé aux bornes 9 et 10.

Un agencement identique des fils, a lieu pour le redressement du courant sinueux. Une des extrémités bifurquée se branchera sur A et D et l'autre sur B et C, et la dérivation se fera aux bornes 4 et 5.

Ces dispositions étant réalisées, et, chaque paire de ponts se trouvant ainsi en relation avec chacune des deux extrémités du fil induit, si on admet au devant du cylindre commutateur, au niveau de chacune de ces paires de ponts, un ressort ou balai, calculé, pour que, dans le mouvement de rotation du transmutateur, il touche alternativement un des ponts de chaque paire, qui sont, nous le répétons, perpendiculaires l'un par rapport à l'autre, les fils qui partiront de ces ressorts pour aboutir aux bornes, dériveront naturellement un courant qui sera constamment de même sens. On constate, en effet, qu'au moment de chaque changement dans le sens du courant, il se produit, grâce aux conditions précédentes, une inversion dans les fils, et que celle des extrémités qui entrent en circuit à droite, dans une première phase du transmutateur, y entrera à gauche dans la phase suivante, et *vice versâ*, d'où, redressement rigoureux des courants faradiques et sinueux. Nous avons, pour la clarté de nos démonstrations, réduit les ponts du transmutateur au nombre strictement suffisant pour réaliser toutes les combinaisons ; mais, dans la pratique, et, pour multiplier les contacts, ce chiffre est doublé, non pas sur la longueur du cylindre, mais au niveau de chaque ressort. A ce niveau, il n'est plus traversé par une seule tige métallique avec deux plaques de contact à l'extérieur, mais, par deux de ces tiges, à 90° l'une de l'autre, et donnant quatre plaques de contact à la surface.

Le Transmutateur Multiplex, quoique jouissant d'une construction rigoureusement uniforme, est donc tout à la fois, interrupteur du courant de pile en E et F, redresseur des courants faradiques en H, I, et J, H, et du courant sinueux en A, B, et C, D. Il est aussi alternateur, car, il est de toute évidence. que si au lieu de brancher, comme nous venons de l'indiquer pour le redressement des courants alternatifs, les deux extrémités d'un fil induit, on branchait sur deux paires de ponts, et dans les mêmes conditions que précédemment, les fils rhéophores d'un couple à courant continu, on recueillerait alors un courant voltaïque alternatif, de forme sinueuse.

En dehors des courants polyphasés qui pourraient même, peut-être un jour, être engendrés par la Volta-Gramme, en utilisant le mouvement de rotation de son commutateur, notre machine, avec son Transmutateur Multiplex, met donc pratiquement au service du médecin, toutes les modalités aujourd'hui connue de l'électricité dynamique.

Or, chacune de ces variétés de forme de l'énergie électrique, pouvant avoir une indication spéciale en électrothérapie, on est obligé de reconnaître qu'il y a dans la Volta-Gramme, non seulement l'application d'un principe nouveau et intéressant, mais aussi la réalisation d'un grand progrès pratique, puisque, en dehors d'elle, le médecin en est réduit à cette organisation particulière sur les secteurs, dont nous avons signalé en commençant les inconvénients.

Le professeur Hayem en a probablement jugé ainsi, quand l'année dernière, au cours de ses savantes leçons de thérapeutique physique à la Faculté de médecine (1), il crut à propos de présenter la Volta-Gramme à son auditoire. Nous ne pouvons pas, il nous semble, clôturer plus naturellement ce travail, qu'en renouvelant ici publiquement, à notre éminent confrère, nos très sincères remerciments, et, en le félicitant aussi. de la nouvelle preuve qu'il a ainsi donnée de son indépendance, et de l'intérêt qu'il porte aux plus modestes travailleurs.

---

(1) *Leçons de thérapeutique*, du professeur Hayen, 2 vol. (Masson, éditeur).

INDICATIONS BIBLIOGRAPHIQUES

Relatives aux principaux ouvrages consultés au cours de la rédaction de notre travail, ainsi qu'aux travaux les plus importants et les plus récents, sur l'Electrophysiologie et l'Electrothérapie :

Annales de Physique et de Chimie.

Mémoire de MM. Masson et Breguet sur « l'Induction », présenté à l'Académie des Sciences le 23 août 1841. (V. 46,226 de la Bibliothèque Nationale.)

« Éléments de Physique expérimentale et de Météorologie », par M. Pouillet. 3 vol., 1853. Hachette, éditeur.

« Traité élémentaire de Physique théorique et expérimentale », par A. Daguin. 4 vol., 1854. Ed. Privat, éditeur à Toulouse.

« Traité d'Électricité théorique et pratique », de De La Rive. 3 vol., 1854. J.-B. Baillière, éditeur.

« Résumé de l'Histoire de l'Électricité et du Magnétisme », par Becquerel et Edmond Becquerel. 1 vol., 1858. Firmin–Didot, éditeur. (V. 28,023 de la Bibliothèque Nationale.)

« Leçons de Physique », par P. Desains. 2 vol., 1865. Ch. Delagrave, éditeur.

« Traité des applications de l'Électricité à la Thérapeutique », d'Edmond Becquerel. 2 vol., 1866.

« Traité élémentaire de Physique médicale », du Dr Wundt, traduction du Dr Ferdinand Monoyer. 1 vol., 1871. J.-B. Baillière, éditeur.

« De l'Électrisation localisée », par Duchenne, de Boulogne. 1 vol., 1872. J.-B. Baillière, éditeur.

« Traité élémentaire et pratique d'Électricité médicale », par le Dr Bardet. 1 vol., 1884. O. Doin, éditeur.

« Électricité médicale », par le Dr Boudet de Pâris. 1 vol., 1885. O. Doin, éditeur.

« Leçons de Physique », de Jamin, 4e édition. 4 vol., 1885-1891. Gauthier-Villars, éditeur.

« Premiers principes d'Électricité industrielle », par P. Janet. 1 vol., 1893. Gauthier-Villars, éditeur.

« Méthode simplifiée de M. P. Janet, pour l'inscription des courants alternatifs; méthode basée sur le fait de la décomposition, au niveau de toutes les parties touchées par le style inscripteur, qui est en métal et qui fait partie du circuit électrique, du nitrate d'ammoniaque et du ferro–cyanure de potassium, substances dont le papier qui recouvre le cylindre enregistreur, également en métal, et faisant aussi partie du circuit, a préalablement été imprégné. » (Journal *la Nature*, 16 juin 1894.)

« Les Avantages de la décharge du Condensateur, employée comme courant inducteur », Dr d'Arsonval (Académie des Sciences, 27 juin 1881).

« Méthode nouvelle permettant d'exciter électriquement les nerfs et les muscles, et d'enregistrer simultanément la courbe d'excitation », Dr d'Arsonval (Société de Biologie, avril 1882).

« Électrodes impolarisables perfectionnées », du Dr d'Arsonval (Société de Biologie, 2 mai 1885).

« Commutateur rotatif, alternateur du courant voltaïque, et importante action des courant sinusoïdaux sur la nutrition, et, la contraction des fibres lisses »; Dr d'Arsonval (Académie des Sciences, 23 mars 1891, et Archives de Physiologie, janvier 1892 et avril 1893).

« Production des courants de haute fréquence et de grande intensité; Auto-Conduction », Dr d'Arsonval (Société de Biologie, 4 février 1893).

AVIS

La construction et l'exploitation des quatre modèles qui se font de la **Volta-Gramme,** *sont actuellement entre les mains de* **M. NAVE,** *ingénieur-constructeur-électricien, 5, Avenue de l'Opéra, Paris.*

PRIX

N° **1** ou petit modèle. — Deux bobines en opposition sur un seul et même trembleur, et galvanomètre simple . . . . . **170** fr.

N° **2** ou moyen modèle. — Quatre bobines en opposition sur un seul et même trembleur, et galvanomètre en 50 milliampères. . . . . **240** »

N° **3** ou grand modèle. — Quatre bobines en opposition sur le **Transmutateur Multiplex,** et fournissant par conséquent, en plus des courants faradiques sinueux et de Gramme, les courants arciformes et en cascade. Galvanomètre apériodique en 100 milliampères. . . . . **400** »

N° **3** *bis.* — Dimensions plus grandes, en raison du format plus grand des deux piles. Donne tous les courants du n° 3; mais, en outre, une bobine de Rumkorff appropriée y remplaçant le galvanomètre, qui se trouve être ici indépendant de l'appareil, et le courant de cette bobine étant rendu oscillant par deux condensateurs spéciaux, il permet de recueillir aux extrémités d'un solinoïde à gros fil, **les courants dits de haute fréquence. 900** »

Paris. — Imprimerie brevetée MICHELS et Fils, passage du Caire, 8 et 10.
Usine à vapeur et Ateliers, rue du Croissant-Dieu, 8 et 10.

PARIS. — IMP. MICHELS ET FILS.